Prof. Enos Masheija Rwantale Kiremire

A ANÁLISE DE METALOCARBORANOS

Prof. Enos Masheija Rwantale Kiremire

A ANÁLISE DE METALOCARBORANOS

UTILIZANDO NÚMEROS ESQUELÉTICOS E TEORIA DOS ANÉIS

ScienciaScripts

Imprint
Any brand names and product names mentioned in this book are subject to trademark, brand or patent protection and are trademarks or registered trademarks of their respective holders. The use of brand names, product names, common names, trade names, product descriptions etc. even without a particular marking in this work is in no way to be construed to mean that such names may be regarded as unrestricted in respect of trademark and brand protection legislation and could thus be used by anyone.

Cover image: www.ingimage.com

This book is a translation from the original published under ISBN 978-620-4-73999-1.

Publisher:
Sciencia Scripts
is a trademark of
Dodo Books Indian Ocean Ltd. and OmniScriptum S.R.L publishing group

120 High Road, East Finchley, London, N2 9ED, United Kingdom
Str. Armeneasca 28/1, office 1, Chisinau MD-2012, Republic of Moldova, Europe
Managing Directors: Ieva Konstantinova, Victoria Ursu
info@omniscriptum.com

Printed at: see last page
ISBN: 978-620-8-62938-0

Conteúdo

ANTECEDENTES

DEFINIÇÕES E SIMBOLISMO

O CONCEITO DE ANEL NA CONSTRUÇÃO DE ESTRUTURAS ISOMÉRICAS

A análise de uma vasta gama de fórmulas indica que os aglomerados e compostos do grupo principal e dos elementos metálicos de transição seguem leis matemáticas naturais simples. No entanto, estas leis talvez necessitem de mais estudos para lhes dar uma base teórica forte e mais rigorosa. A recente descoberta dos números esqueléticos tornou muito mais fácil e rápida a análise e a categorização de uma vasta gama de aglomerados.

As séries de clusters dos elementos do grupo principal estão relacionadas com as dos elementos metálicos de transição pela seguinte relação:

$$S=4n+q \underset{-10n}{\overset{+10n}{\rightleftharpoons}} S=14n+q$$

Vejamos os seguintes exemplos.

1. (a) $F=C_3H_6$ (ciclopropano)

K=3[2]+6[-0,5]=3,n=3

K(n)=3(3)

K=n+t

=3+0(t=0) $=n^3+0$

=3+3-3

K=2n-3

S=4n+6

VE=4n+6=4[3]+6=18

VF=12+6=18

Podemos aplicar a mesma abordagem ao aglomerado $F=Os_3(CO)$ 12

2. (b) $F=Os_3(CO)$i2 K=3[5] +12[-1] =3, n=3 K(n)=3(3)

K=n+t

=3+0(t=0) $=n^3+$ 0(um anel)

=3+3-3

K=2n-3

S=4n+6

VE=14n+6=14[3]+6=48

VF=24+24=48

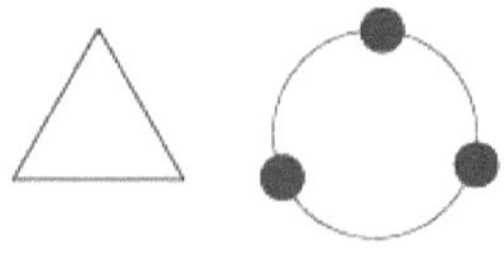

Figura -1

3. $F=C_3H_4$
K=3[2]+4[-0,5]=4, n=3
K (n)=4(3)
K=n+t
=3+1=n^3+1(um anel com uma modificação)
=3+3-2
K=2n-2
S=4n+4
VE=4n+2=4[3]+2=14
VF=12+2=14

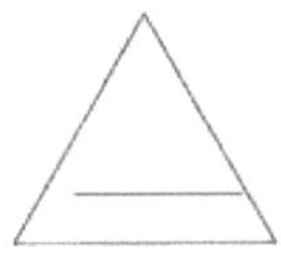

Figura - 2
4. $F=C_4Hs$ (ciclobuteno)
$F=C_4H_8$
K=4[2]+8[-0,5]=4,n=4
K(n)=4(4)
Isto significa que 4 elementos esqueléticos estão ligados por 4 ligações esqueléticas.
Esta forma será um quadrado (ver figura 3 do esquema 1).
K=n+t
=4+0=n^4+0(um anel)
=4+4-4
K=2n-4
S=4n+8
VE=4n+8=4[4]+8=24
VF=16+8=24

Figura - 3
5. $F=C_4H_8$-2H^C_4H_6
K=4[2] +6[-0,5] =5, n=4
K (n) =5(4)
K=n+t
=4+1=n^4+1(um anel com uma modificação)
=4+4-3
K=2n-3
S=4n+6
VE=4n+6=4[4] +6=22
VF=16+6=22

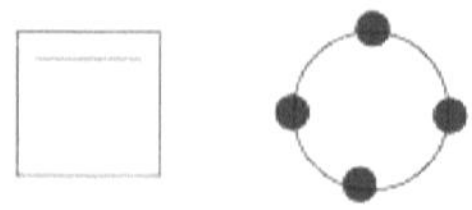

Figura - 4

6. F=C4H6-2H=C4H4

K=4[2] +4[-0,5] =6, n=4

K (n) =6(4)

Isto significa que os 4 elementos do esqueleto estão a ser ligados por 6 ligações. Isto está de acordo com o exemplo 5 do esquema 1.

K=n+t

=4+2= n^4+2(um anel com 2 modificações)

=4+4-2

K=2n-2

S=4n+4

VE=4n+4=4[4] +4=20

VF=16+4=20

Figura - 5

O hidrocarboneto F=C4H4 tem um número de cluster K=6. Isto significa que lhe faltam 6 pares de electrões para que cada um dos seus 4 elementos de carbono atinja uma configuração de 8 electrões. Portanto, se lhe fornecermos os 6 pares de electrões, o aglomerado fragmentar-se-á em 4 moléculas de CH4,

C4H4+6(2H) >4CHz

7. F=C6H12

K=6[2] +12[-0,5] =6, n=6

K (n) =6(6)

Trata-se de uma forma geométrica de 6 elementos esqueléticos ligados entre si por 6 ligações. Esta forma está representada em F-6.

K=n+t

=6+0= n^6+0(um anel sem modificação)

=6+6-6

K=2n-6

S=4n+12

VE=4n+12=4[6] +12=24=36

VF=24+12=36

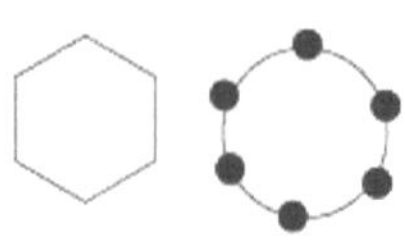

Figura - 6

8. F=C6H12-2H ^C6H10

K=6[2] +10[-0, 5] =7, n=6

K (n) =7(6); a geometria em que existe uma única ligação dupla é dada em F-7.

K=n+t

=**6+1=n^{6}+1(t=1) (um anel com uma modificação)**

=6+6-5

K=2n-5

S=4n+10

VE=4n+10=4[6] +10=34

VF=6[4] +10=34

CAPÍTULO 1

UMA MODIFICAÇÃO, NESTE CASO, É SIMPLESMENTE UMA DUPLO VÍNCULO.

Figura - 7

9. F=C6HIO-2H^C6H8
K=6[2] +8[-0,5] =8, n=6
K (n) =8(6)
Os seis elementos do esqueleto estão ligados por 8 ligações, duas das quais são ligações duplas, como indicado em F-8.
K=n+t
$=6+2=n^6+2$(um anel com 2 modificações)
=6+6-4
K=2n-4
S=4n+8
V=4n+8=4[6]+8=32
VF=24+8=32

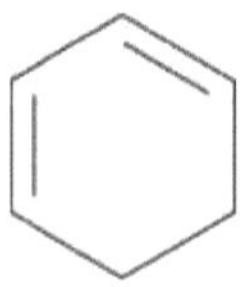

Figura - 8

10. F=C6Hß-2H -> C6H6
K=6[2]+6[-0,5]=9, n=6
K(n)=9(6); o aglomerado tem 9 ligações que unem os 6 elementos esqueléticos cíclicos. Três das ligações são duplas. Isto é mostrado em F-9.
K=n+t
$=6+3=n^6+3$(um anel com três modificações)
=6+6-3
K=2n-3
S=4n+6
VE=4n+6=4[6]+6=30
VF=24+6=30

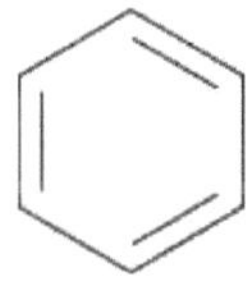

Figura - 9

CAPÍTULO 2

A TEORIA DOS ANÉIS

Quando uma fórmula de agrupamento é decomposta num único número, é gerado o parâmetro K(n). Do parâmetro K(n) podemos derivar outra relação dada por K(n)= n + t. O parâmetro K(n) dá-nos todas as ligações esqueléticas contidas na fórmula de agrupamento. As ligações podem ser divididas em duas categorias, nomeadamente, as que podemos designar por PRIMÁRIAS (n) e as SECUNDÁRIAS (t). Em princípio, as ligações primárias ligam todos os elementos esqueléticos entre si, de preferência numa formação em anel, enquanto as secundárias complementam as primárias para garantir que os elementos esqueléticos do aglomerado obedecem à regra de valência do aglomerado dos elementos individuais, bem como à da configuração apropriada do gás Nobel.

Os exemplos 1-12 acima apresentados ilustram o facto de os aglomerados químicos poderem ser decompostos e reconstituídos em configurações isoméricas de acordo com as leis naturais dos aglomerados químicos. A teoria dos anéis é simplesmente um modelo hipotético para distribuir as ligações esqueléticas por um ou mais anéis de um dado grupo.

SISTEMAS DE ANÉIS

Os tipos de anéis variam de n=3 a n=infinito. O símbolo n^x(teoricamente, x=1, 2, 3, 4, 5, etc.) foi proposto e adotado para representar os diferentes tipos de anéis. Os n^x correspondem a hidrocarbonetos cíclicos saturados. Amostras selecionadas de n^x (x=3 a 6) e as suas modificações pelas ligações secundárias são apresentadas no Esquema 1.

CAPÍTULO 3

EXEMPLOS SELECCIONADOS DE ANÉIS E RESPECTIVAS MUTAÇÕES

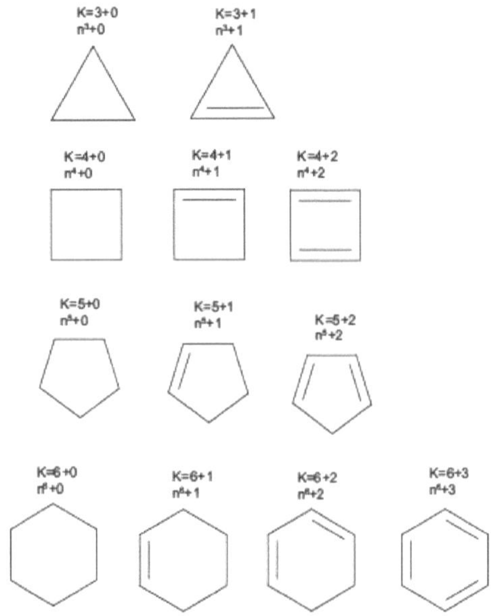

MUTAÇÕES DE ANEL SELECCIONADAS DE n^3A n^6

Esquema 1.

As mutações de anel selecionadas de n^3+0 a n^6+0 são apresentadas no Esquema 1.

Para além de n^3+0, cada um dos mutantes de anel de n^4+0 a n^6+0 é capaz de gerar isómeros de anel. Por exemplo, n^4+0 pode produzir os isómeros apresentados no Esquema 2, enquanto n^5+0 e n^6+0 podem gerar isómeros derivados apresentados nos Esquemas 3 e 4. Os isómeros selecionados do anel mutante de $M=n^6+1$ são apresentados no Esquema 5.

CAPÍTULO 4

ISOMERISMO DE SISTEMAS DE ANÉIS

(a) n^4+0

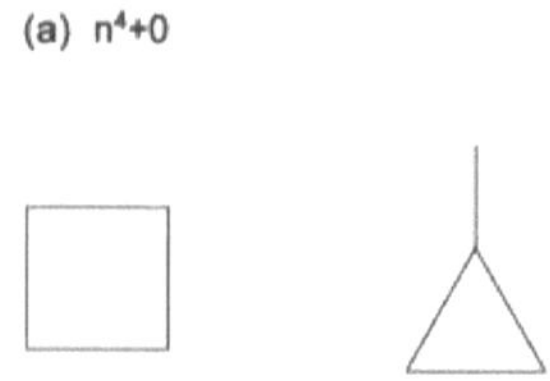

Isómero selecionado de ciclobutano e seu derivado

Esquema 2

(b)n^5+0

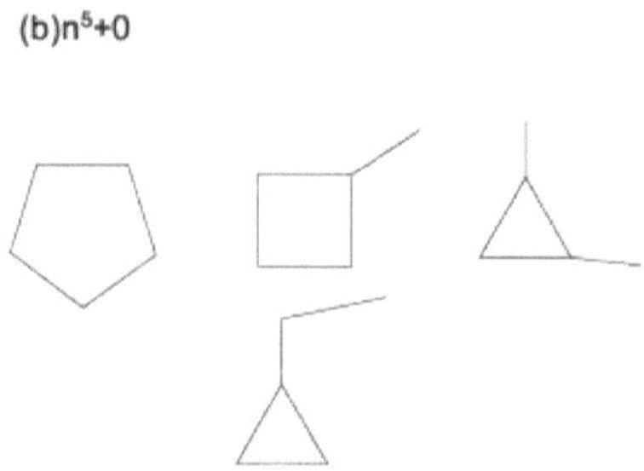

Isómeros de ciclopentano selecionados

Esquema 3

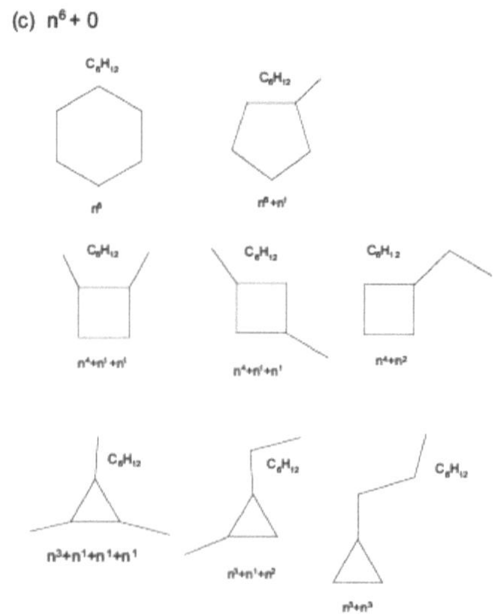

ISÓMEROS SELECCIONADOS DE C_6H_{12} =n^6+0

Esquema 4

(d) $n^6 + 1$

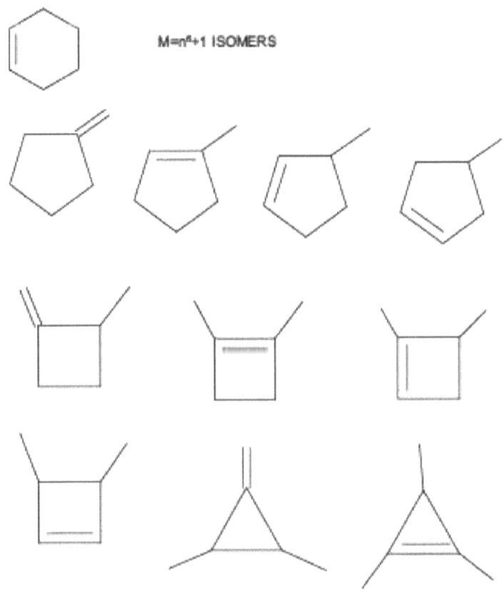

ISÓMEROS SELECCIONADOS DE $C_6H_{10} = n^6+1$

Esquema 5

CAPÍTULO 5

A DERIVAÇÃO DO ANEL (n^x) DO PARÂMETRO K(n)

K = n + t, em que n corresponde ao número de elementos esqueléticos e as LIGAÇÕES PRIMÁRIAS formam um ANEL CÍCLICO e t corresponde às LIGAÇÕES SECUNDÁRIAS que são acrescentadas ao anel em conformidade com as valências esqueléticas dos pontos nodais dos elementos esqueléticos do agregado.

Exemplos

Alguns exemplos já foram encontrados nos cálculos 1-10 apresentados no início deste livro. As seguintes ilustrações de aglomerados de borano são incluídas apenas para dar ênfase.

A-1: $F=B_4H_{10}$

K=4[2,5]+10[-0,5]=5, n=4

K(n)=5(4)

K=n+t

=4+1= n^4+1(anel de 4 membros com uma diagonal)

=4+4-3

K=2n-3

S=4n+6

VE=4n+6=4[4] +6=22

VF=4[3] +10=22

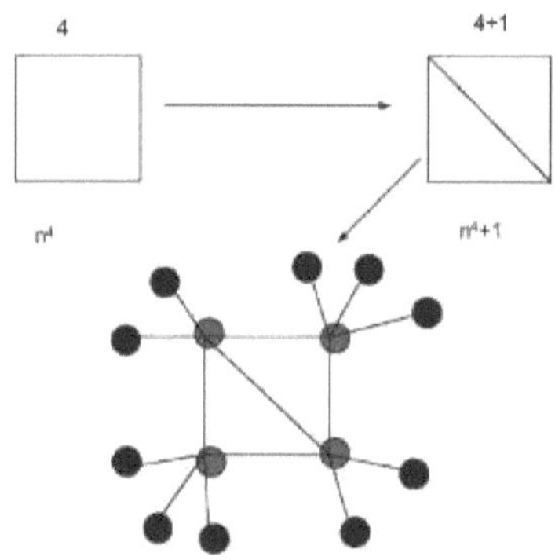

A-2: $F=B_5H_9$

K=5[2,5]+9[-0,5]=8, n=5

K(n)=8(5)

K=n+t

=5+3=n^5+3(anel de 5 membros com 3 modificações)

K=2n-2

S=4n+4

VE=4n+4=4[5] +4=24

VF=5[3] +9=24

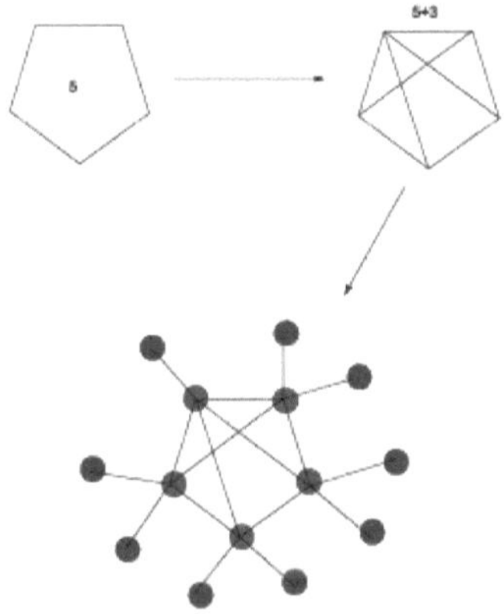

A-3: $F=B_6H_{10}$
K=6[2,5]+10[-0,5]=10, n=6
K(n)=10(6)
K=n+t=6+6-2
K=2n-2
S=4n+4
VE=4n+4=4[6]+4=28
VF=6[3]+10=28

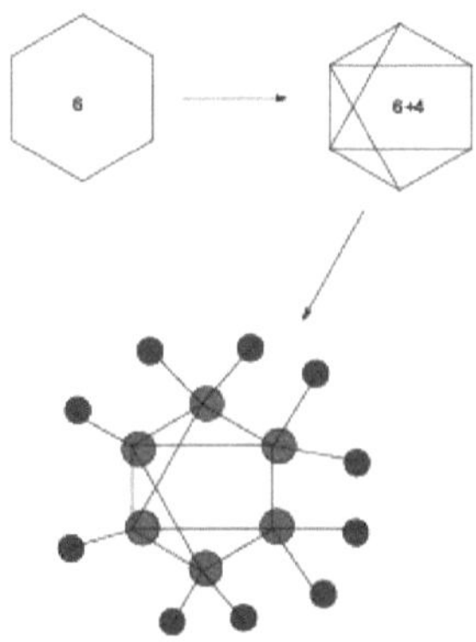

A-4: $F\text{-}B_{10}H_{14}$
K=10[2,5]+14[-0,5]=18, n=10
K(n)=18(10)
K=n+t
=10+8=n^{10}+8(anel de 10 membros com 8 modificações) =10+10-2
S=4n+4
VE=4n+4=4[10]+4=44
VF=10[3]+14=44

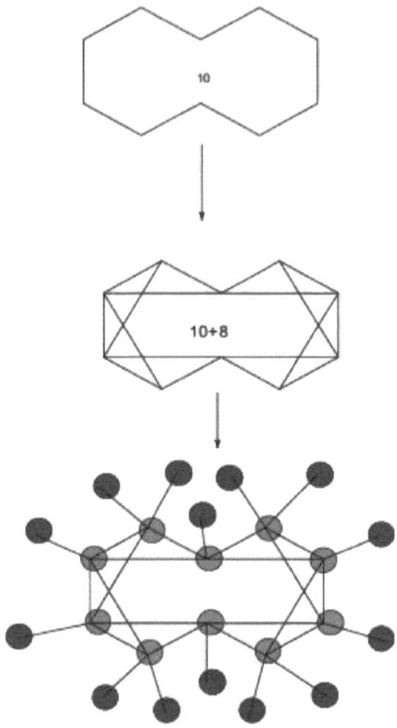

Todos os exemplos A-1 a A-4 demonstram claramente que a geometria do agrupamento é incorporada ou derivável da própria fórmula do agrupamento. MANTER O PARÂMETRO DE LIGAÇÃO PRIMÁRIA (n) CONSTANTE E VARIAR O PARÂMETRO DE LIGAÇÃO SECUNDÁRIA (t)

Vamos ilustrar isto usando o anel $M=n^6+0$. O ponto de partida n^6+0 corresponde ao ciclo-hexano ($F=C_6H_{12}$) que é um hidrocarboneto cíclico saturado. A mudança envolvida em cada etapa é a remoção de dois (2H) ligandos de hidrogénio ou um equivalente de 2 electrões. Os aglomerados assim produzidos foram designados por SÉRIES ASCENDENTES. Assim, podemos gerar as seguintes formas e fórmulas de aglomerados mostradas no Esquema 6. Do mesmo modo, as transformações selecionadas para os hidrocarbonetos C_7H_{14} e C_8H_{16} são apresentadas nos Esquemas 7 e 8, respetivamente.

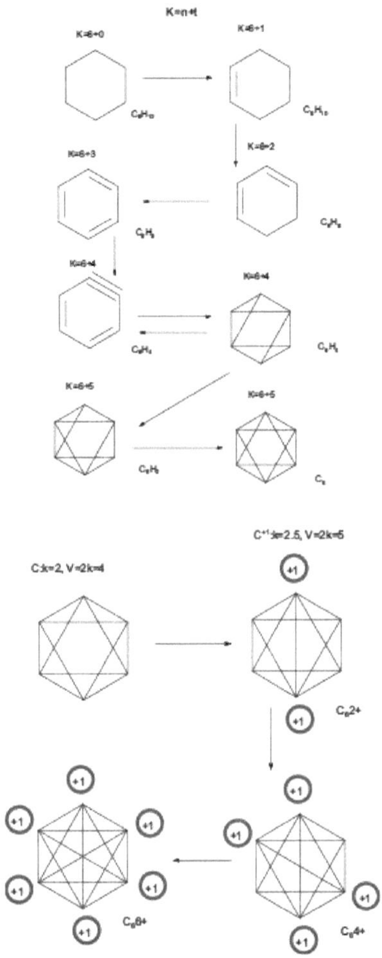

Scheme 6

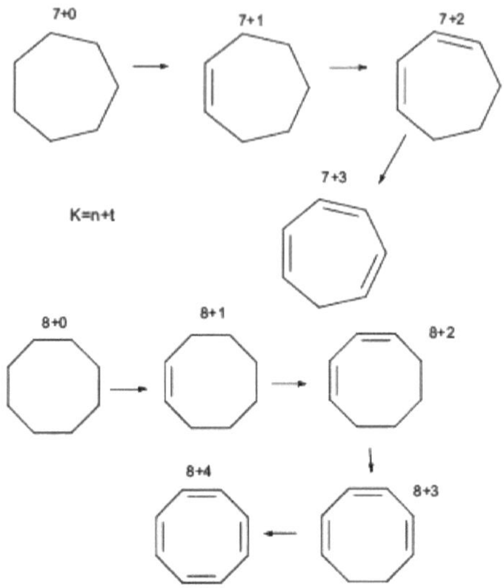

Scheme 7

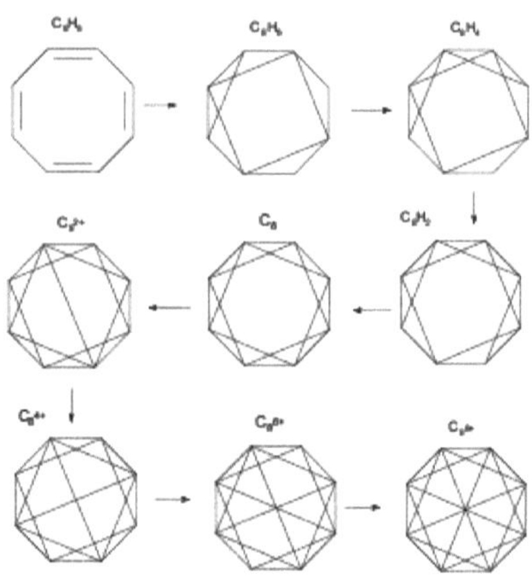

Scheme 8

As modificações do anel apresentadas nos esquemas 6-8 podem ser expressas numericamente como se mostra no quadro 1.

QUADRO 1: MODIFICAÇÕES DO ANEL EM NÚMEROS

*R

	n	t														
	1	0	1	2	3	4	5	6	7	8	9	10	11	12	13	14	15
	2	0	1	2	3	4	5	6	7	8	9	10	11	12	13	14	15
	3	0	1	2	3	4	5	6	7	8	9	10	11	12	13	14	15
	4	0	1	2	3	4	5	6	7	8	9	10	11	12	13	14	15
	5	0	1	2	3	4	5	6	7	8	9	10	11	12	13	14	15
	6	0	1	2	3	4	5	6	7	8	9	10	11	12	13	14	15
	7	0	1	2	3	4	5	6	7	8	9	10	11	12	13	14	15
	8	0	1	2	3	4	5	6	7	8	9	10	11	12	13	14	15
	9	0	1	2	3	4	5	6	7	8	9	10	11	12	13	14	15
	10	0	1	2	3	4	5	6	7	8	9	10	11	12	13	14	15
	11	0	1	2	3	4	5	6	7	8	9	10	11	12	13	14	15
	12	0	1	2	3	4	5	6	7	8	9	10	11	12	13	14	15
	13	0	1	2	3	4	5	6	7	8	9	10	11	12	13	14	15
	14	0	1	2	3	4	5	6	7	8	9	10	11	12	13	14	15
	15	0	1	2	3	4	5	6	7	8	9	10	11	12	13	14	15
	16	0	1	2	3	4	5	6	7	8	9	10	11	12	13	14	15
	17	0	1	2	3	4	5	6	7	8	9	10	11	12	13	14	15
	18	0	1	2	3	4	5	6	7	8	9	10	11	12	13	14	15
	19	0	1	2	3	4	5	6	7	8	9	10	11	12	13	14	15
	20	0	1	2	3	4	5	6	7	8	9	10	11	12	13	14	15

*R= ANEL

Tomando o C_6H_{12} como exemplo, os derivados oxidados selecionados, tais como hidrocarbonetos e carbocátions, são apresentados no Esquema 9, bem como os valores t correspondentes.

C6H-2(1=0)> CeHio(t=1H C6H8(t=2)> C6H6(1=3)> C6H:(1=4)> C6H2(1=5)> C6Ho(1=6)> $^{C6(2,)}$(1=7)> $^{C6(4,)}$(1=8)> $^{C6(6,)}$(1=9)> Cв^{8}*(t=10)> C6^{10,}(t=11)> C61^{2,}(t=12)> C61^{4,}(t=13)> C6^{16+}(t=14)

Esquema 9

A remoção dos ligandos de hidrogénio do C_6H_{12} leva a um aumento do valor do número de agrupamento (K). A remoção total dos ligandos dá-nos o aglomerado de carbono pai C_6. Uma vez que os ligandos de hidrogénio foram todos removidos, os passos seguintes implicam a remoção dos electrões de um grupo de carbonos, começando pelo C_6, resultando na formação de carbocátions. Mantendo as ligações primárias (n) constantes e variando as secundárias (t), obtém-se uma vasta gama de aglomerados, sendo o primeiro C_6H_{10} e o último aglomerado de hidrocarbonetos C6H2 até aglomerados C_6^{n+} altamente carregados.

INTERCONVERSÃO DE CLUSTERS

Tomemos o ciclo-hexano, F=C6H12, como exemplo para ilustrar a ideia de retirar os ligandos (2H) por fases e, mais tarde, retirar 2 electrões quando os ligandos de hidrogénio tiverem sido completamente removidos, criando o aglomerado de carbono (C6). Subsequentemente, serão gerados carbocátions. Estes são apresentados na Tabela 2. A fórmula da série de clusters (S=4n+q) de cada espécie gerada é facilmente formulada. Esta fórmula de série pode ser facilmente utilizada para gerar clusters análogos. Exemplos selecionados de aglomerados análogos são também apresentados na Tabela 2. Além disso, uma amostra de clusters de hidrocarbonetos derivados foi convertida numa série de clusters S=4n+ q e é apresentada na Tabela 3. Os clusters análogos selecionados servem apenas para ilustrar as inter-relações dos clusters. A conversão das séries de clusters em análogos de clusters é apresentada nos exemplos Ex-1 a Ex-5.

Exemplos:

Ex-1: F=C6H12:

S=4n+12, para os metais de transição

S=14n+12

ReCO= [ReH (CO) 3] [6] +6CO=Re6H6 (CO) 18+6CO =Re6 (CO) 21+6CO=Re6 (CO) 27.

Este grupo é análogo ao grupo conhecido, F= Re6H5 (CO) 24^{-1}, que é análogo ao C6H12. No quadro 2, outros grupos análogos são: B6H18, Os6 (CO) 24 e Rh6 (CO) 21.

Ex-2: S=4n-8

S=14n-8

RhCO: [RhH(CO)2][6]-4CO=Rh6H6(CO)12-4CO =Rh6(CO)3(CO)12-4CO=Rh6(CO)11. Este aglomerado é análogo ao conhecido aglomerado $Rh6H12L6^{2+}$. É também análogo ao Os6 (CO)14, $B6^{2+}$ e $C6^{8+}$.

Ex-3: S=4n+2, n=6

BH=4n+2=[BH][6]+2H=B6H6+2H=$_{B(8)}$)$_{H(8)}$=$^{B6H6(2)}$-

RhCO=14n+2=[RhH(CO)2][6]+CO=Rh_6H_6(CO)i2+CO =Rhe(CO)i6

Ex-4: OsCO=14n+2=[Os$(CO)_3$][6]+CO =Os6(CO)i9=Os6$(CO)i_8^{2'}$

Os exemplos 3, 4 e com referência à Tabela 2 mostram que os seguintes Clusters são análogos: $^{B6H6(2)'}$^ Rhe (CO) w^Ose $(CO)i_8^{2'}$^Ree(CO)22.

Ex-5: F=C_6

K=6[2]=12, n=6

K(n)=12(6)

K=n+t

=6+6

=6+6-0

K=2n-0

S=4n+0

VE=4n+0=4[6]+0=24

VF=24

OsCO=14n+0= [Os(CO)$_3$](6)+0

=Os$_6$ (CO)$_{18}$

Isto significa que os seguintes agregados são análogos:

Os$_6$ (CO) $_{18}$ C$_{(6)}$<-^B6H6<-^Re6(CO)2i^Rh6(CO)i5.

Tabela 2. INTERCONVERSÕES DE CLUSTERS QUÍMICOS

F	S=4n*q	BH	OsOT	ReOT	ROT
C6H12	4n*12	B6H18	OS6(CO)24	Re6(CO)27	Rh6(OT)21
C6Hю	4n*10	B6H16	OS6(CO)23	Re6(CO)26	Rh^OT^
C6H8	4n*8	B6H14	OS6(CO)22	Re6(OT)25	Rh^O)^
C6H6	4n*6	B6H12	OS6(CO)21	Re6(OT)24	Rh^O)^
C6H4	4n*4	B6H10	OS6(CO)20	Re6(OT)23	Rh6(OT)17
C6H2	4n*2	B6H8	OS6(CO)19	Re6(CO)22	Rh6(OT)16
C6	4n*0	B6H6	OS6(CO)18	Re6(OT)21	Rh6(OT)15
C6(2+)	4n-2	B6H4	OS6(CO)17	Re6(OT)20	Rte^O^
C6(4+)	4n-4	B6H2	OS6(CO)16	Re6(OT)19	Rh6(CO)13
C6(6+)	4n-6	B6	OS6(CO)15	Re6(OT)18	Rh6(OT)12
C6(8+)	4n-8	$B6^{2+}$	OS6(CO)14	Re6(OT)17	Rh6(CO)ii
CB^{10+}	4n-10	$B6^{4+}$	OS6(CO)13	Re6(OT)16	Rh6(OT)10
CB^{12+}	4n-12	$B6^{6+}$	OS6(OT)12	Re6(OT)15	Rh6(OT)9
Ce^{14*}	4n-14	$B6^{8+}$	O36(CO)11	Re6(OT)14	Rte^O^
Ce^{16*}	4n-16	$B6^{10*}$	OS6(OT)10	Re6(OT)13	Rhte^Oh
Ce^{18+}	4n-18	$B6^{12*}$	OS6(OT)9	Re6(OT)12	Rhte^Oh
C6(20)*	4n-20	$B6^{14*}$	OS6(OT)8	KB6(CO)11	Rte^O^

Tabela 3. SÉRIES DE CLUSTERS E ALGUMAS DERIVADAS

F	S=4n+q	K=2n- % q	K*=a+D^z	VE=2y+4z+2	VF
C6H12	4n+12	2n-6	C-5+D^{11}	-10+44+2=36	24+12=36
CßHio	4n+10	2n-5	C-4+D^{10}	-8+40+2=34	34
C6H8	4n+8	2n-4	C-3+D^9	-6+36+2=32	32
C6H6	4n+6	2n-3	C-2+D^8	-4+32+2=30	30
C6H4	4n+4	2n-2	C-1+D^7	-2+28+2=28	28
C6H2	4n+2	2n-1	C0+D^6	0+24+2=26	26
C6	4n+0	2n+0	C1+D^5	2+20+2=24	24
$C6^{2+}$	4n-2	2n+1	C^2+D^4	4+16+2=22	22
$C6^{4+}$	4n-4	2n+2	C^3+D^3	6+12+2=20	20
$C6^{6+}$	4n-6	2n+3	C^4+D^2	8+8+2=18	18
$C6^{8+}$	4n-8	2n+4	C5+D^1	10+4+2=16	16
C610+	4n-10	2n+5	C^6+D^0	12+0+2=14	14
C6(12+)	4n-12	2n+6	^D^{-1}	14-4+2=12	12
C6(14+)	4n-14	2n+7	^D^{-2}	16-8+2=10	10
C6(16+)	4n-16	2n+8	C(9)+^ 3	18-12+2=8	8

C6(18+)	4n-18	2n+9	C(1)∧ -4	20-16+2=6	6
C6(20+)	4n-20	2n+10	C(1)∧ -5	22-20+2=4	4
C6(22+)	4n-22	2n+11	C(1)∧_6	24-24+2=2	2
C6(24+)	4n-24	2n+12	C(13)+∧ 7	26-28+2=0	0

CAPÍTULO 6

O PONTO LIMITE DE UM CARÁCTER POLIÉDRICO DE UM AGLOMERADO

O parâmetro K(n) de um cluster pode ser expresso como K=n+t onde = ligações primárias e t são ligações secundárias. Os valores de t para os agregados no esquema 10 são os indicados.

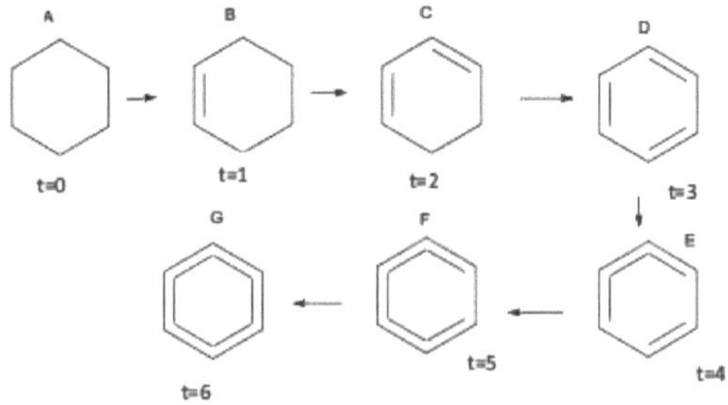

Esquema 10.

Seguindo as setas desde o início, os aglomerados químicos do esquema 10 são $C6H12$, $C6H10$, $C6H8$, $C6H6$, $C6H4$, $C6H2$ e $C6$ e foram-lhes atribuídas as letras A a G. Os aglomerados correspondentes a $C6H12$, $C6H10$, C6H8 e C6H6 são conhecidos, enquanto os correspondentes a $C6H4$, $C6H2$ e $C6$, com estruturas E a G, não são conhecidos.

Da análise que consiste em manter constantes as ligações primárias (n) dos hidrocarbonetos cíclicos e variar as ligações secundárias (t), verifica-se que a formação de ESTRUTURAS ISOMÉRICAS NÃO POLIHEDRAIS se torna difícil quando (t)> % n). O PONTO LIMITE É ALCANÇADO QUANDO t= % n. Este facto é ilustrado para F=C6Hi2, F=C7Hi4 e F=C8H16 nos esquemas 6-8 e 10.

CAPÍTULO 7

A DISTRIBUIÇÃO DAS LIGAÇÕES E DOS LIGANDOS DOS AGREGADOS:

A BASE DA TEORIA DOS ANÉIS

AS LIGAÇÕES PRIMÁRIAS E SECUNDÁRIAS.

Descobriu-se recentemente que a formação de aglomerados de metais de transição, tais como carbonilos, aglomerados dourados, boranos e hidrocarbonetos, seguem leis matemáticas simples. Eles obedecem à equação R=n[k-1]+1 onde n= índice de nuclearidade do elemento e k= o número esquelético do elemento. Tomemos o exemplo do $B6H6^{2-}$ como ilustração, n=6, k=2,5, então R=6[2,5-1]+1=6[1,5]+1=10. A série de formação dos aglomerados de borano será a seguinte B6L1, B6L2, B6L3, B6L4, B6L5 (onde L=2H) e assim por diante. Assim, o aglomerado de borano $F=B6H6^{2-}$=B6H8=B6L4 é o quarto na série de formação de aglomerados B6.

A DECOMPOSIÇÃO DO $B6H6^{2-}$ POR NÚMEROS ESQUELÉTICOS

O cluster $B6H6^{2-}$ pode ser fácil e prontamente decomposto num número inteiro, uma vez que sabemos que B tem um valor k de 2,5, H um valor k de -0,5 e (-1) também tem um valor k de (-0,5). A decomposição apresentada no exemplo abaixo dá-nos um número de cluster K=11 e K=n+t=6+5. Isto significa que 6 ligações serão reservadas para serem utilizadas para constituir um anel de 6 membros e as restantes 5 serão inseridas no anel em conformidade com a valência esquelética de cada ponto nodal. Esta situação é ilustrada em F-10.

UM AGRUPAMENTO DE ANÉIS

R-1: $F=B6H6^{2-}$

K=6[2.5]+6[-0.5]+2[-0.5]=11, n=6

K(n)=11(6)

K=n+t

$=6+5=n^6+5$

LIGAÇÕES PRIMÁRIAS (PL)=6

LIGAÇÕES SECUNDÁRIAS (SL)=5 =6+6-1

K=2n-1

S=4n+2(closo)

VE=4n+2=4[6]+2=26

VF=18+6+2=26

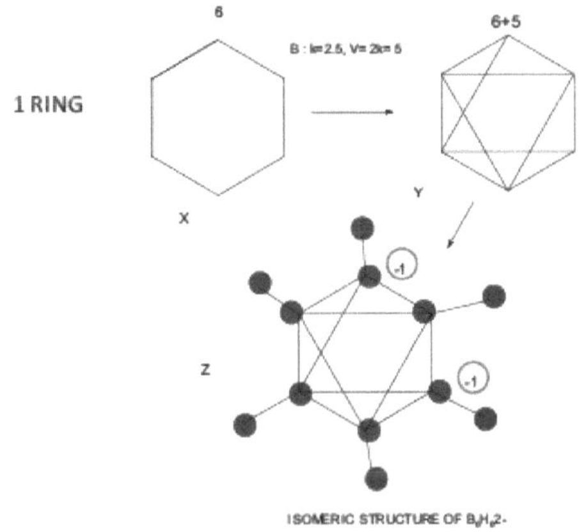

Figura -10

De acordo com a teoria dos clusters, o número de cluster K=11 implica que F= $B_6H_6^{2-}$ tem falta de 11 pares de electrões para cada um dos elementos esqueléticos B para obter uma configuração de 8 electrões. Se adicionarmos estes pares, cada um dos elementos esqueléticos B do cluster atingirá a regra do octeto.

$B_6H_6(2-)$+ 11(2H) >6BH5

O BH5 não é conhecido. Mas o BH_4^{-1} existe. De acordo com a teoria dos clusters, a carga -1 e (H) são equivalentes.

R-2: F=Rh6(CO)16

K=6[4,5]+16[-1]=11, n=6

K(n)=11(6)

K=n+t

=6+5=n^6+5(um anel)

=6+6-1

K=2n-1

S=4n+2(closo)

VE=14n+2=14[6]+2=86

VE=6[9]+16[2]=86

Rh: k=4,5, V=2k=9

O ligando carbonilo é um dador de 2 electrões. Assim, exerce uma valência esquelética de 2, enquanto o Rh exerce uma valência esquelética de 9. É de notar que cada linha na estrutura esquelética é considerada como exercendo uma valência esquelética de 1 da mesma forma que um ligando [H].

A função geradora intrínseca de Rh6 é dada por R=n[k-1]+1=n[4,5-1]+1=3,5n+1=3,5(6)+1=22. Isso significa que Rh6L16 é o número 16 dos 22 clusters gerados esperados. Possui 11 ligações esqueléticas que ligam 6 elementos esqueléticos de ródio.

UM ANEL

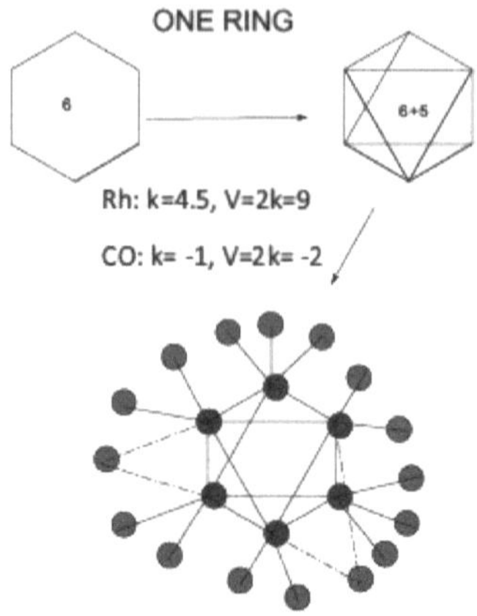

Figura - 11

O cluster Rh6 $(CO)_{16}$ tem um número de cluster K=11. De acordo com a teoria dos clusters, isto significa que o cluster necessita de 11 pares de electrões para que cada um dos 6 elementos esqueléticos do ródio atinja o objetivo da regra dos 18 electrões. Vamos demonstrar isso:

$Rh_6(CO)_{16}$ + 11C0> 6Rh$(CO)_{4.5}$

O aglomerado Rh(CO)4.5: VF=9+4.5[2]=18, obedece à regra dos 18 electrões.

R-3: F=$Os_6(CO)_{18}^{2-}$

K=6[5]+18[-1]+2[-0.5]=11,

n=6

K(n)=11(6)

K=n+t

=6+5=n^6+5(um anel)

=6+6-1

K=2n-1

S=4n+2(closo)

VE=14n+2=14[6]+2=86

VF=6[8]+18[2]+2=86

UM ANEL

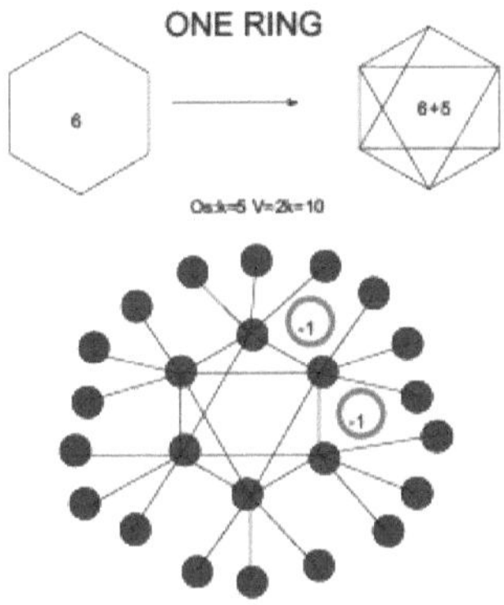

Figura -12
O cluster F=Os6 $(CO)_{18}^{2-}$ tem um número de cluster K=11. Portanto, necessita de 11 pares de electrões para se decompor em 6 aglomerados monoesqueléticos que obedecerão à regra dos 18 electrões. O ligando CO é equivalente a (2- carga).
Os6 $(CO)_{18}^{2-}$ +11CO>6Os(CO)5

CAPÍTULO 8

UNIR DOIS ANÉIS COM UMA PONTE

Exemplos

R-4: F=C12H10

K=12[2]+10[-0,5]=19, n=12

K(n)=19(12)

K=n+t

=12+7= $2n^6$+7(dois anéis)

=12+12-5

K=2n-5

S=4n+10

VE=4n+10=4[12]+10=58

VF=12[4]+10=58

Existem vários isómeros para F=C12H10. Vamos concentrar-nos num deles, em que dois anéis estão unidos por uma ligação.

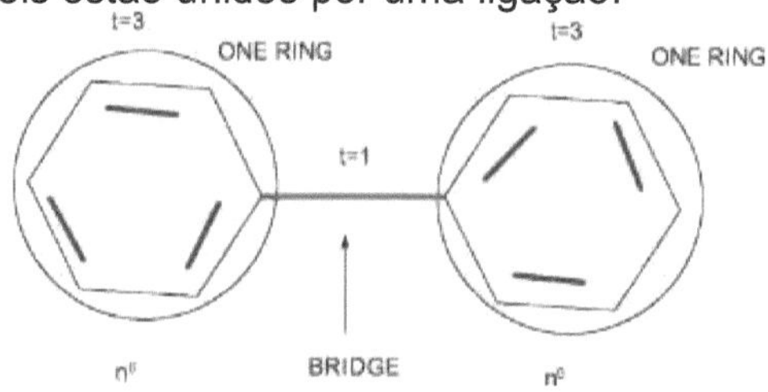

Os dois anéis ($2n^6$) são compostos por Figura - 13 elementos letais e 12 ligações (PRIMÁRIAS), pelo que a condição K=n é satisfeita. Uma vez que K=19 ligações esqueléticas no total, haverá 7 ligações secundárias, como se espera do cálculo F-1 acima. A melhor distribuição das ligações secundárias com 3 ligações internas para cada um dos anéis de benzeno e as restantes ligações serão utilizadas para formar uma PONTE que liga os dois anéis de benzeno.

O AGLOMERADO DE DOIS ANÉIS

A função geradora intrínseca da série de agregados B8. Esta é dada por R=n[k-1]+1=n[2,5-1]+1=1,5n+1=1,5[8]+1=13. Isto significa que B8H18=B8L9 é o nono cluster dos 13 membros possíveis da série de clusters. Podemos agora decompor o cluster utilizando os números esqueléticos do elemento esquelético boro e do ligando hidrogénio da seguinte forma

R-5: F=B8H18

K=8[2,5]+18[-0,5]=11, n=8

K(n)=11(8)

K=n+t

=8+3=n^8+3=$2n^4$+3(dois anéis)

LIGAÇÕES PRIMÁRIAS (PL)=8

LIGAÇÕES SECUNDÁRIAS (SL)=3 =8+8-5

K=2n-5
S=4n+10
VE=4[8]+10=42
VF=24+18=42
B: k=2,5, V=2k= 5

CONSTRUÇÃO DA GEOMETRIA DO AGLOMERADO

O aglomerado tem 11 ligações esqueléticas, 8 primárias e 3 secundárias. Também é conhecido por ser composto por dois conjuntos de 4 elementos esqueléticos de boro, ou seja, DOIS ANÉIS. As 8 ligações primárias serão utilizadas para construir os dois anéis de 4 membros. As restantes 3 ligações serão utilizadas para ligar os dois anéis, enquanto os outros 2 anéis serão utilizados para ligações internas em conformidade com a valência esquelética de 5 para cada um dos pontos nodais no aglomerado. Isto é mostrado na Figura - 14.

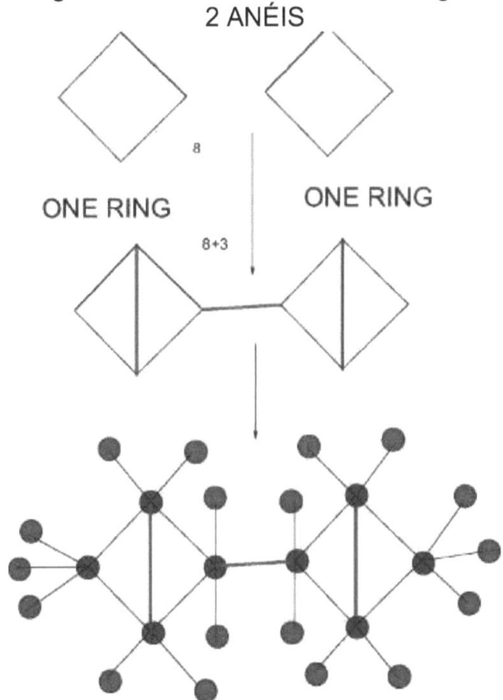

ESTRUTURA ISOMÉRICA DO B_8H_{18}

Figura -14

F=B10H16

A função geradora intrínseca para um fragmento B10 é dada por R=n[k-1]+1=n[2.5-1]+1=1.5n+1=1,5[10]+1=16.

O grupo F=B10H16=B10L8. De acordo com a função geradora intrínseca, é o oitavo na série de formação. Podemos transformá-lo num número numérico de agrupamento, K, como se segue:

R-6: F=$B_{10}H_{16}$
K=10[2.5]+16[-0.5]=17,
n=10
K(n)=17(10)
K=n+t
$=10+7=n^{10}+7=2n^5+7=2n^5+2(3)+1$
=10+10-3
K=2n-3
S=4n+6
VE=4n+6=4[10]+6=46
VF=30+16=46

ESTRUTURA ISOMÉRICA

O aglomerado é conhecido por ter dois conjuntos de elementos esqueléticos, ($2n^5$). O número derivado do aglomerado é K=17. Podemos fatorizar este número em K=17=10+7=n10+7=2n5+7=2n5+2(3)+1.

As 17 ligações estão divididas em dois grupos, as 10 ligações PRIMÁRIAS e as 7 ligações SECUNDÁRIAS para as ligações internas e a ligação entre os anéis. Assim, os dois anéis de 5 membros unidos por uma única ligação, enquanto cada um dos dois anéis terá 3 ligações internas para garantir que cada nó exerça uma valência esquelética de 5.

DOIS ANÉIS

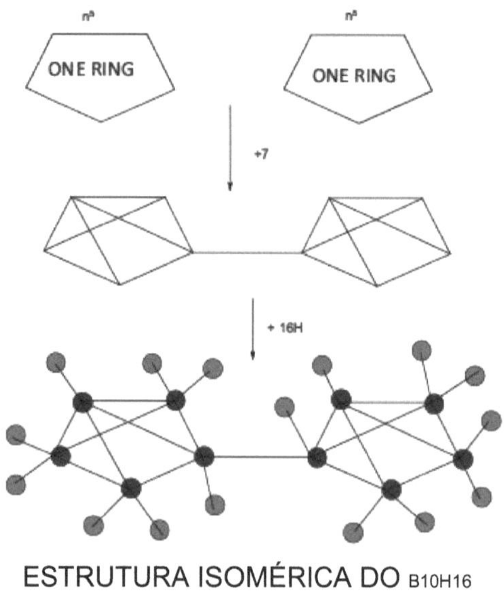

ESTRUTURA ISOMÉRICA DO $B_{10}H_{16}$

Figura -15

ANÉIS QUE SE ENCONTRAM NUM PONTO

R-7: P= $CH_3(C_{(6)}H_{(5)})$ K=7[2]+8[-0.5]=10, n=7 K(n)=10(7)

K=n+t =7+3 =7+7-4 K=2n-4 S=4n+8
VE=4n+8=4[7]+8=36
VF=7[4]+8=36

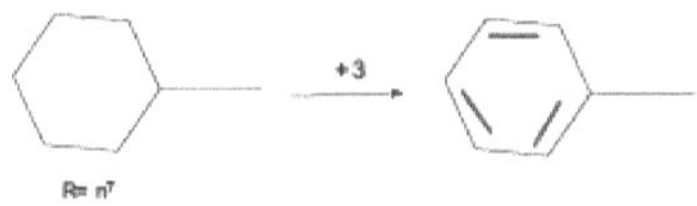

Figura - 16

R-8: F=$CH_2(C_6H_5)_2$ K=13[2]+12[-0.5]=20, n=13
K(n)=20(13)
K=n+t =13+7=n^7+n^6+7
=13+13-6
K=2n-6
S=4n+12
VE=4n+12=4[13]+12=64
VF=13[4]+12=64

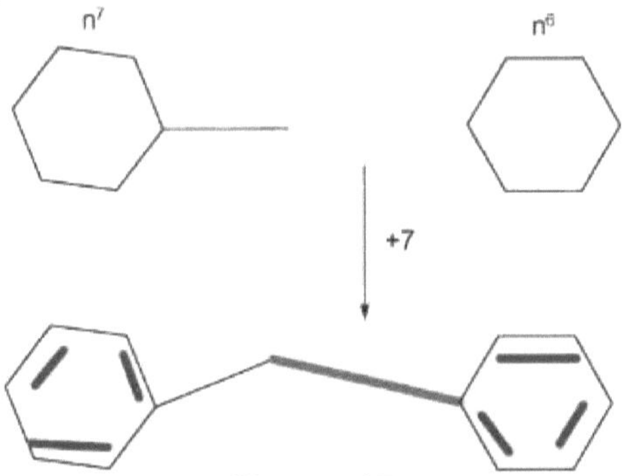

Figura -17

R-9: F=$CH(C_6H_5)_3$ K=19[2]+16[-0.5]=30, n=19 K(n)=30(19)
K=n+t
=19+11 =n^7+2n^6+11 =19+19-8
K=2n-8
S=4n+16
VE=4n+16=4[19]+16=92
VF=19[4]+16=92

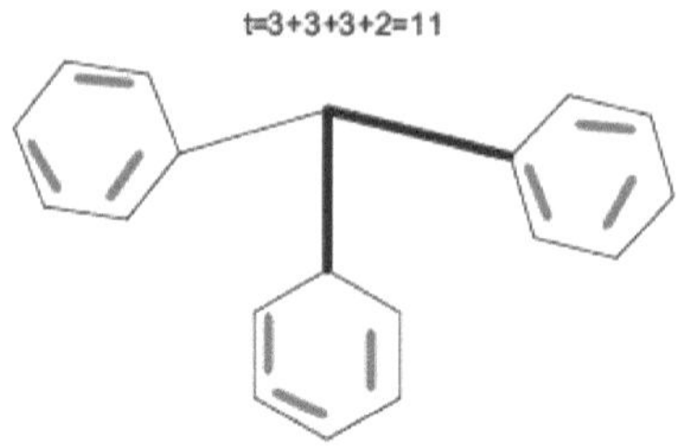

Figura - 18

R-10: $F=C(C_6H_5)_4$
K=25[2]+20[-0,5]=40, n=25
K(n)=40(25)
K=n+t
$=25+15=n^7+3n^6+15$
=25+25-10
K=2n-10
S=4n+20
VE=4n+20=4[25]+20=120
VF=25[4]+20=120

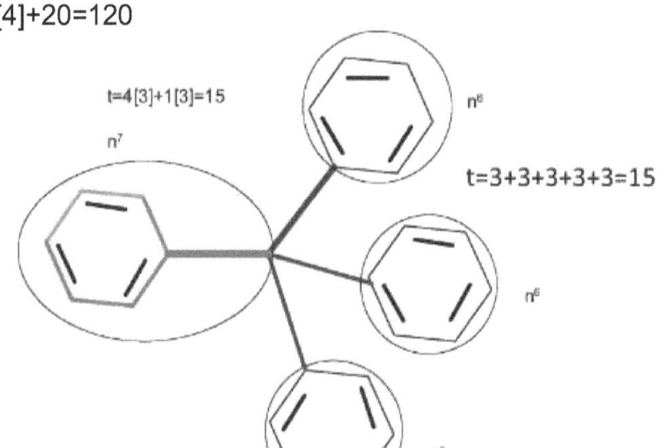

$R=n^7+3n^6=n^{25}$
Figura - 19

Existem 25 elementos esqueléticos e 25 ligações. Isto significa que K=n e representa as LIGAÇÕES PRIMÁRIAS. Por conseguinte, as 15 LIGAÇÕES SECUNDÁRIAS abrangem as ligações internas dos anéis, bem como as 3 ligações externas dos 3 anéis ao elemento esquelético central de carbono que foi atribuído a um dos anéis, modificando-o para se tornar n^7.

ANÉIS CONJUGADOS

Como é que a teoria dos anéis explica a seguinte forma?

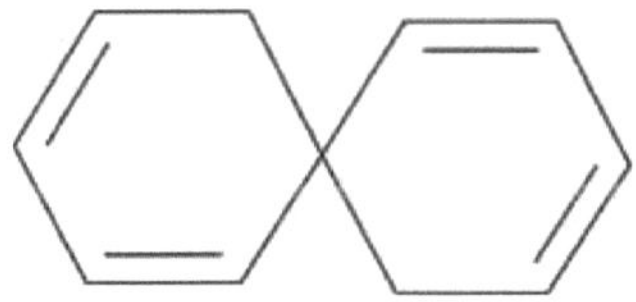

Figura - 20

R-11: $F=C_{11}H_{12}$

$K=11[2]+12[-0,5]=16,\ n=11$

$K(n)=16(11)$

$K=n+t=11+5=n^{11}+5=11+11-6$

$K=2n-6$

$S=4n+12$

$VE=4n+12=4[11]+12=56$

$VF=11[4]+12=56$

LIGAÇÕES ESQUELÉTICAS AZUIS =11 =NÚMERO DE ELEMENTOS ESQUELÉTICOS K=n+0=LIGAÇÕES PRIMÁRIAS, O LIMITE RESTANTE É PARTE E PARCELA DE LIGAÇÕES SECUNDÁRIAS=5.

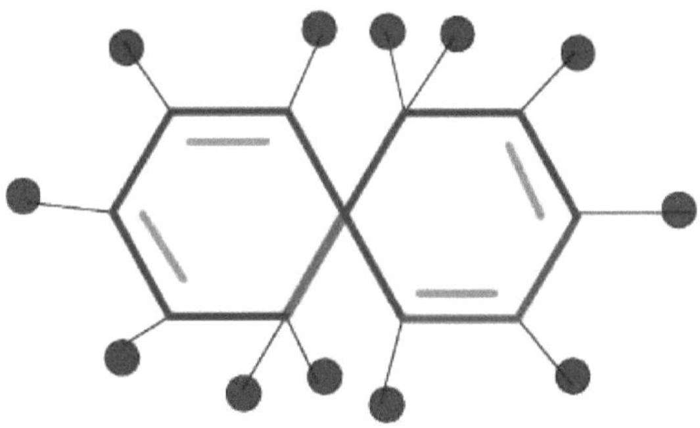

CLARAMENTE, ANÉIS DE HIDROCARBONETOS SEGUIR ESTRITAMENTE O PRINCÍPIO K=n+t

Figura - 21

CAPÍTULO 9

SISTEMAS DE ANÉIS

Este livro centra-se nas estruturas isoméricas de clusters químicos como anéis. Muitos clusters ocorrem como anéis simples. No entanto, os clusters à base de hidrocarbonetos têm tendência para se apresentarem como anéis simples. Os clusters neste livro foram categorizados em anéis, de 1 a 5. Portanto, os clusters analisados e as ligações distribuídas de acordo com as valências dos nós esqueléticos e a orientação do conceito da teoria dos anéis. A derivação das ligações esqueléticas a partir da fórmula do cluster utilizando os números esqueléticos, a separação das ligações primárias das secundárias, a extração dos electrões de valência do cluster a partir da fórmula e a construção das várias estruturas isoméricas são brevemente explicadas em cada exemplo. O leitor deste livro é aconselhado a estudar cuidadosamente cada exemplo.

SISTEMAS DE ANEL ÚNICO

R-12: $F=C_2B_3H_5$

K=2[2]+3[2.5]+5[-0.5]=9, n=2+3=5

K(n)=9(5)

K=n+t

$=5+4=n^5+4$

=5+5-1

K=2n-1

S=4n+2(closo)

VE=4n+2=4[5]+2=22

VF=8+9+5=22

FBH=4n+2= [BH][5]+2H=B5H7=$B5H5^{2-}$

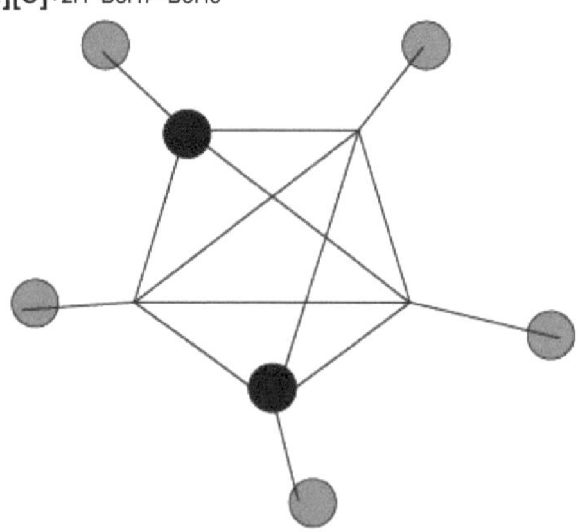

ESTRUTURA ISOMÉRICA DO C2B3H5

Figura - 22

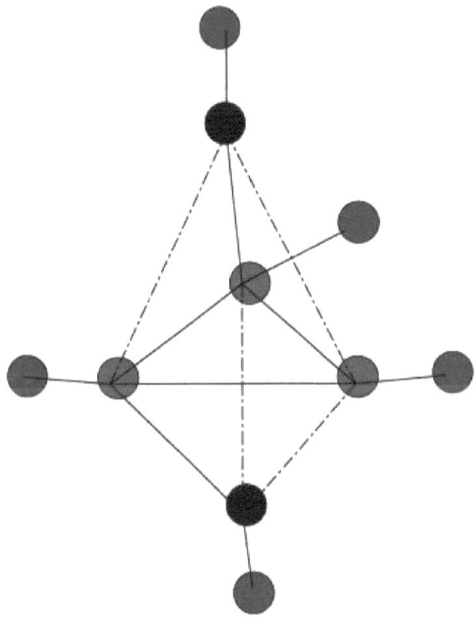

ESTRUTURAS ISOMÉRICAS DO C2B3H5
Figura - 23

R-13: $F=B_5H_9L_2$
K=5[2,5]+9[-0,5]+2[-1]=6, n=5
K(n)=6(5)
K=n+t
$=5+1=n^5+1=n^1+n^4+1$
=5+5-4
K=2n-4
S=4n+8(hipo)
VE=4n+8=4[5]+8=28
VF=15+9+4=28

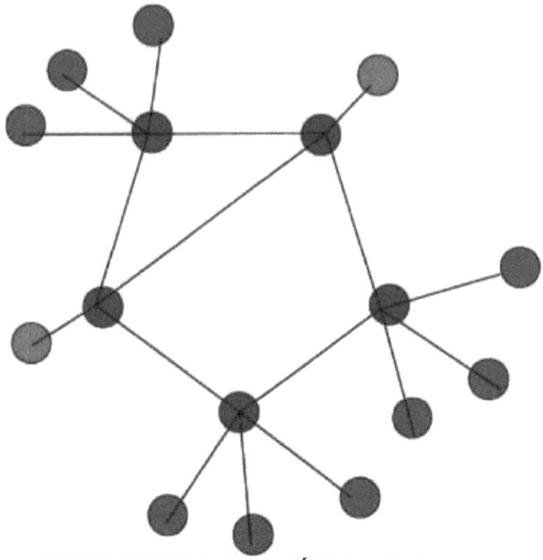

ESTRUTURA ISOMÉRICA DO B5H9L2
Figura - 24

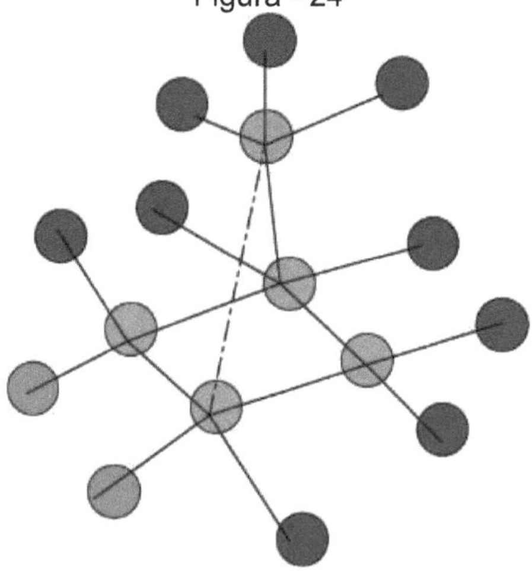

ESTRUTURAS ISOMÉRICAS DO $B_5H_9L_2$
Figura - 25

R-14: $F=CRB_5H_8$
$K=1[2]+1[-0.5]+5[2.5]+8[-0.5]=10$, $n=1+5=6$
$K(n)=10(6)$
$=n+t$
$=6+4=n^6+4=n^1+n^5+4$
$=6+6-2$
$K=2n-2$
$S=4n+4$(nido)

VE=4[6]+4=28
VF=4+1+15+8=28
FBH=4n+4=[BH][6]+4H=B6H10

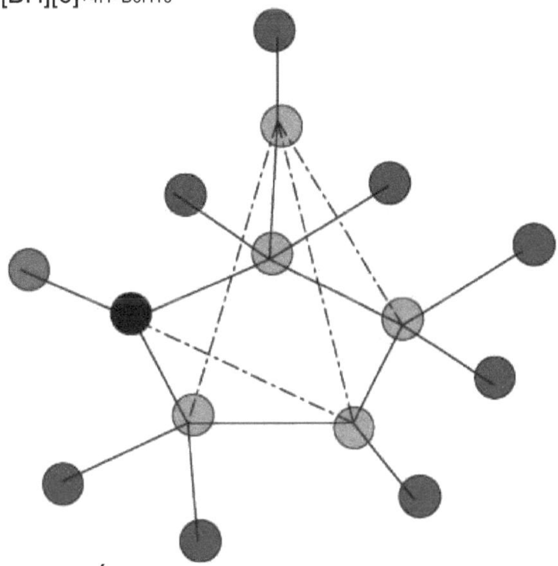

ESTRUTURA ISOMÉRICA DO CRB_5H_8

Figura - 26

R-15: $F=CB_5H_9$
K=1 [2]+5[2.5]+9[-0.5]=10,n=1+5=6
K(n)=10(6)
K=n+t
$=6+4=n^6+4=n^1+n^5+4$
=6+6-2
K=2n-2
S=4n+4(nido)
VE=4n+4=4[6]+4=28
VF=4+15+9=28
FBH=4n+4=[BH][6]+4H=B_6Hio

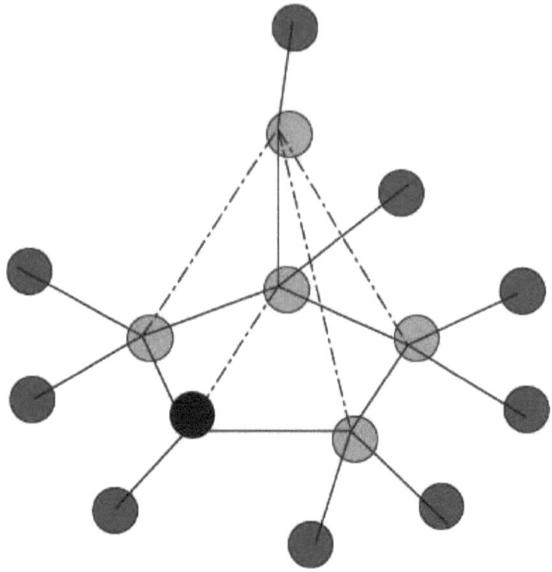

ESTRUTURA ISOMÉRICA DO CB_5H_9
Figura - 27

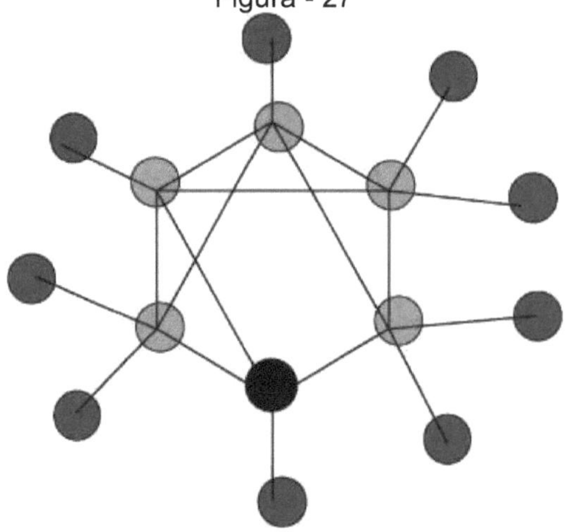

ESTRUTURA ISOMÉRICA DO CB_5H_9
Figura - 28

R-16: $F=C_2B_4H_6$
K=2[2]+4[2.5]+6[-0.5]=11,
n=2+4=6
K(n)=11(6)
K=n+t

=6+5=n^6+5
=6+6-1
K=2n-1
S=4n+2(closo)
VE=4n+2=4[6]+2=26
VF=8+12+6=26
FBH=4n+2=[BH][6]$_{+2H=B6H8=B6H6^{2-}}$

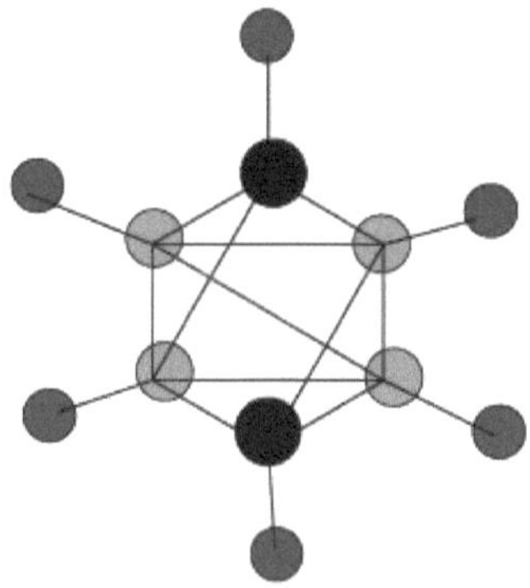

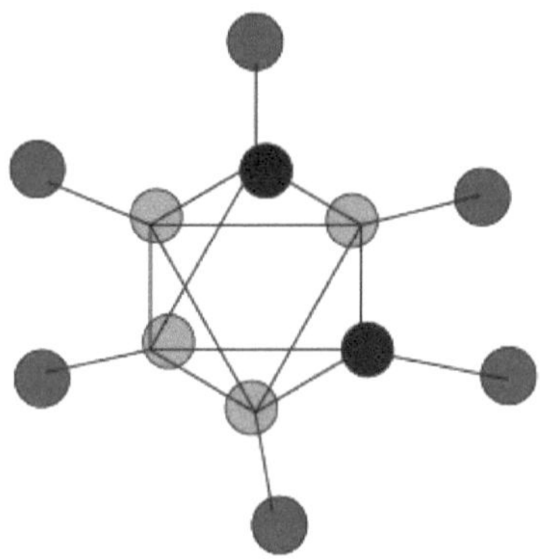

ESTRUTURAS ISOMÉRICAS DE $C_2B_4H_6$
Figura - 29

R-17: F=$C_2B_4H_8$
K=2[2]+4[2.5]+8[-0.5]=10, n=2+4=6
K(n)=10(6)
K=n+t
=6+4=n^6+4=n^1+n^5+4
=6+6-2
K=2n-2
S=4n+4(nido)
VE=4n+4=4[6]+4=28

VF=8+12+8=28
FBH=4n+4=[BH][6]+4H=B_6Hio

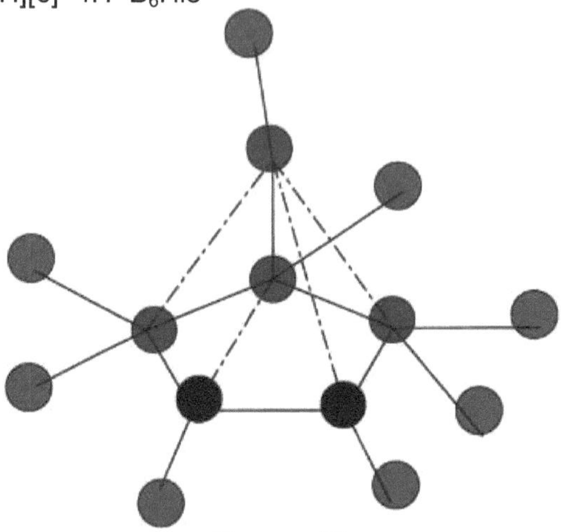

Figura - 30

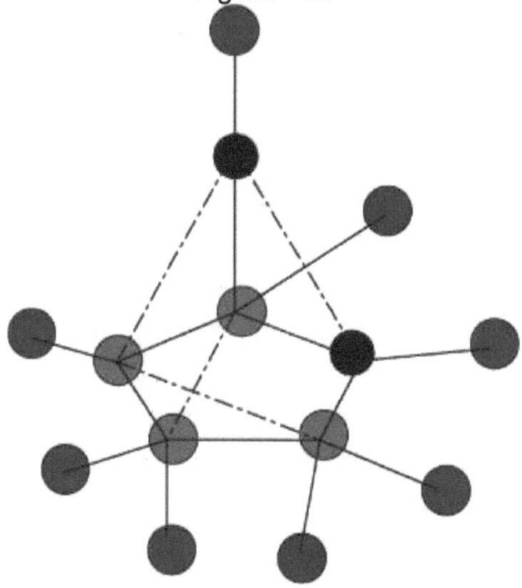

ESTRUTURAS ISOMÉRICAS DO $C_2B_4H_8$

Figura - 31

R-18: F=$C_3B_3H_7$
K=3[2]+3[2.5]+7[-0.5]=10,
n=3+3=6
K(n)=10(6)
K=n+t
=6+4=n^6+4=n^1+n^5+4
=6+6-2

K=2n-2
S=4n+4(nido)
VE=4n+4=4[6]+4=28
VF=12+9+7=28
FBH=4n+4=[BH][6]$_{+4H=B6H10}$

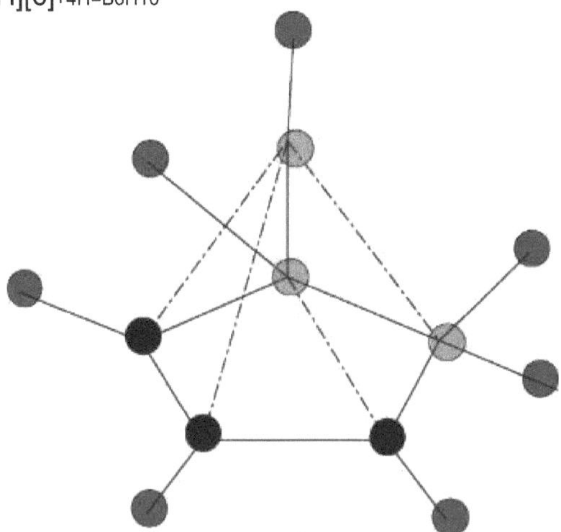

ESTRUTURA ISOMÉRICA DO $C_3B_3H_7$

Figura - 32

R-19: $_{F=C4B2H6}$
K=4[2]+2[2.5]+6[-0.5]=10, n=4+2=6
K(n)=10(6)
K=n+t
=6+4=n^6+4=n^1+n^5+4
=6+6-2
K=2n-2
S=4n+4(nido)
VE=4n+4=4[6]+4=28
VF=16+6+6=28
FBH=4n+4=[BH][6]$_{+4H=B6H10}$

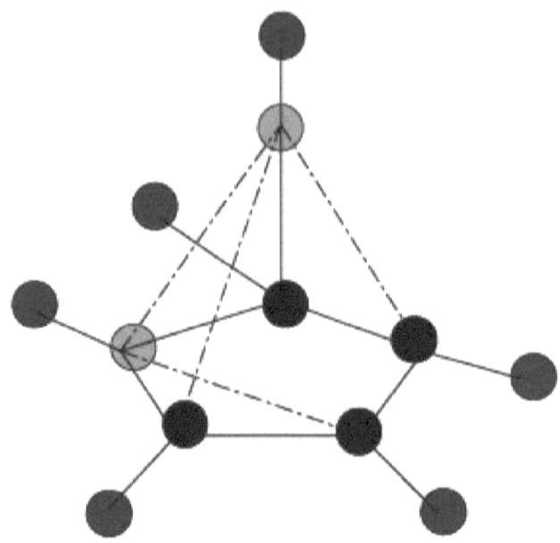

Figura - 33

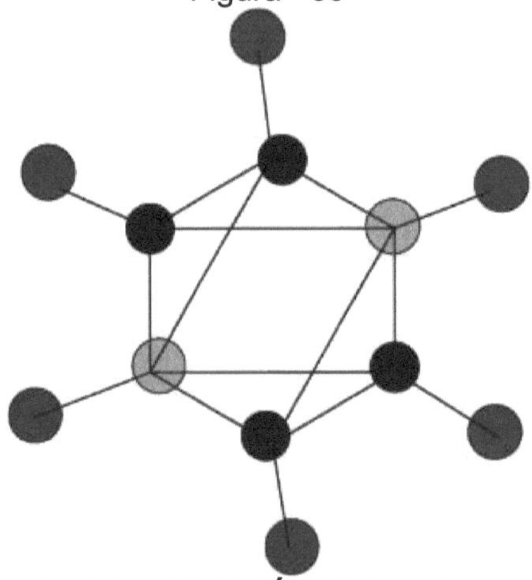

ESTRUTURA ISOMÉRICA S DE $C_4B_2H_6$

Figura - 34

R-20: $F=B_6H_{10}$

K=6[2.5]+10[-0.5]=10,n=6

K(n)=10(6)

K=n+t

$=6+4=n^6+4=n^1+n^5+4$

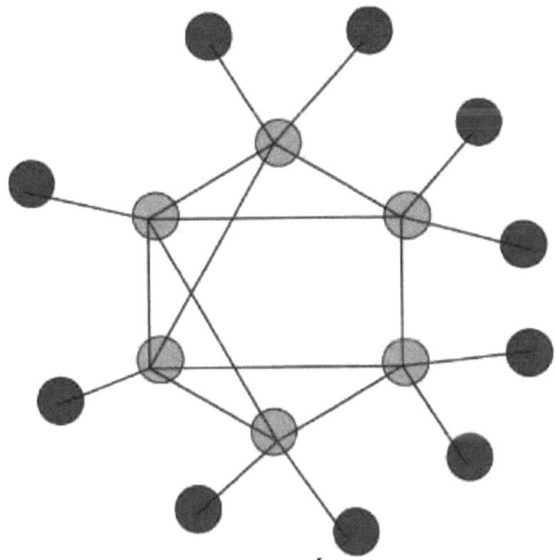

ESTRUTURA ISOMÉRICA DO B_6H_{10}
Figura - 35

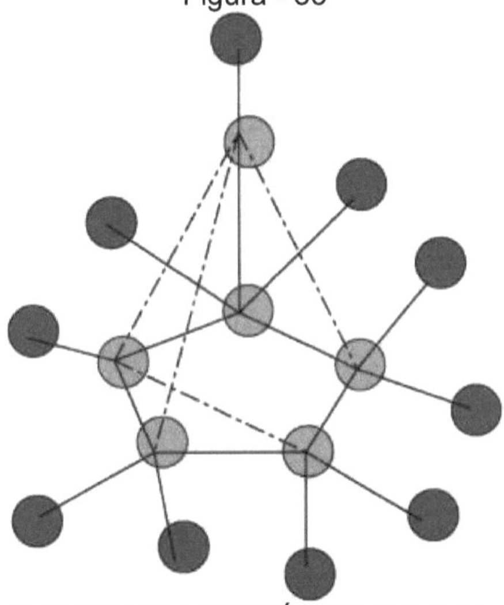

ESTRUTURA ISOMÉRICA DO B_6H_{10}
Figura - 36

R-21: $F=C_2B_7H_{13}$
$K=2[2]+7[2.5]+13[-0.5]=15,\ n=9$
$K(n)=15(9)$
$K=n+t$
$=9+6=n^9+6=n^1+n^4+n^4+6$
$=9+9-3$
$K=2n-3$
$S=4n+6$(arachno)

VE=4n+6=4[9]+6=42
VF=8+21+13=42
FBH=4n+6=[BH][9]+6H=B_9Hi5

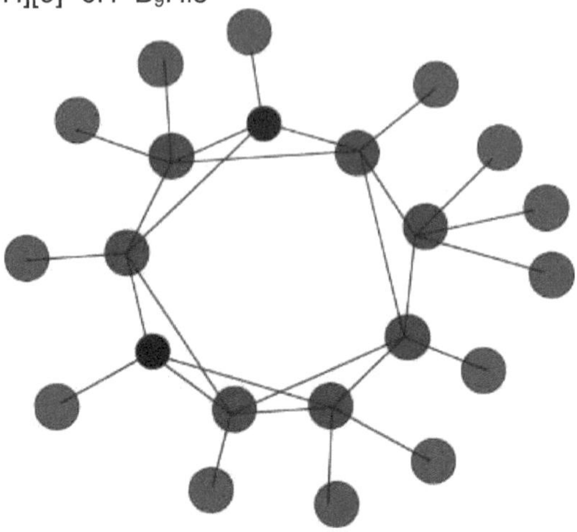

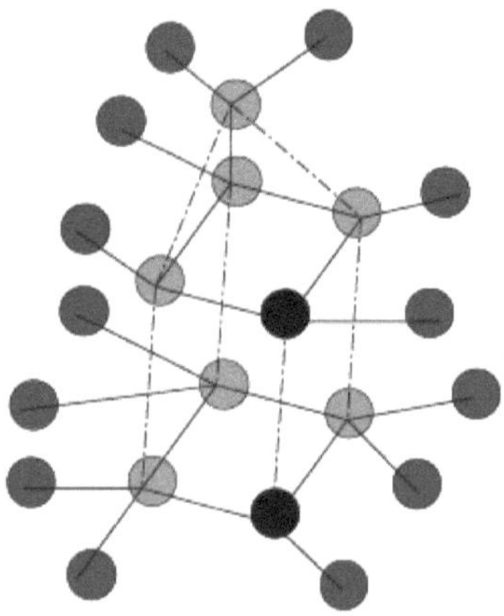

ESTRUTURAS ISOMÉRICAS DO C2B7H13
Figura - 37

R-22: F=$C_2B_8H_{10}$
K=2[2]+8[2.5]+10[-0.5]=19, n=10
K(n)=19(10)
K=n+t
=10+9=n^{1o}+9=n^1+n^4+n^4+n^1+9
=10+10-1
K=2n-1
S=4n+2(closo)
VE=4n+2=4[10]+2=42
VF=8+24+10=42

FBH=4n+2=[BH][1O]+2H=BioHio[2]·

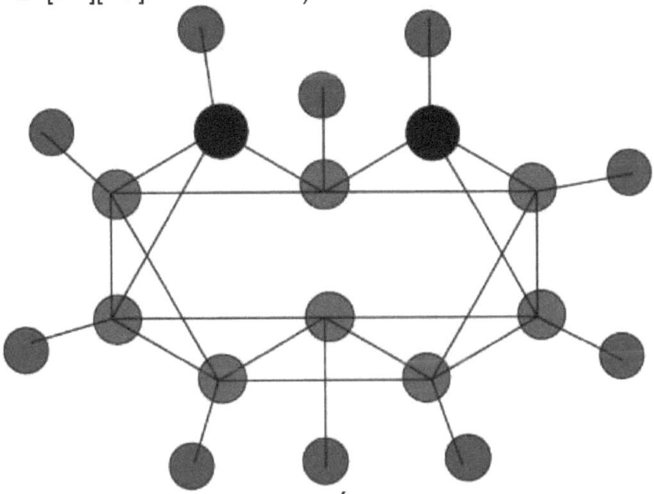

ESTRUTURA ISOMÉRICA DO $C_2B_8H_{10}$

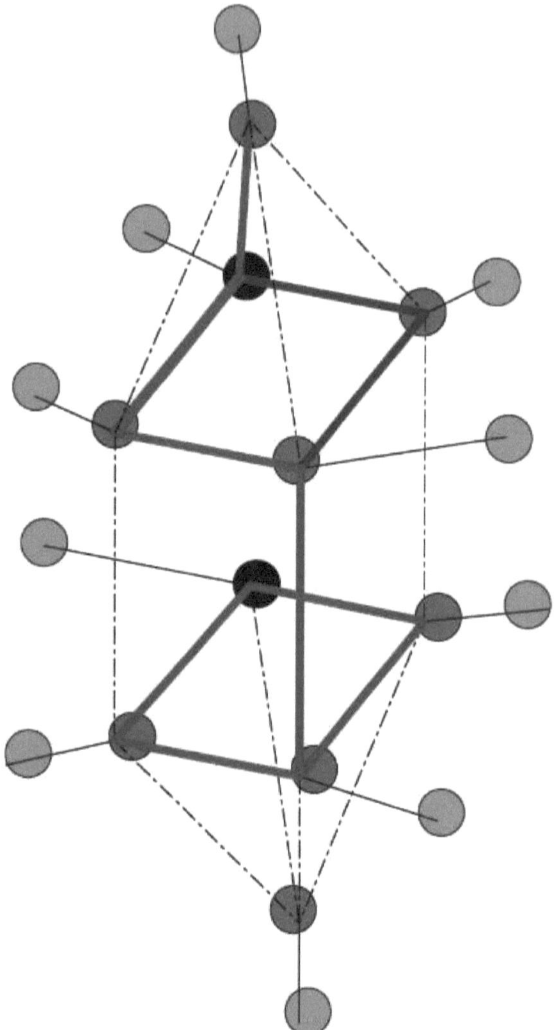

ESTRUTURA ISOMÉRICA DO $C_2B_8H_{10}$

Figura - 38

R-23: $F=B_{II}H_I4'^1$

$K=11[2.5]+14[-0.5]+1[-0.5]=20, n=11$

$K(n)=20(11)$

$K=n+t$

$=11+9=n^{11}+9=n^1-n^5-n^5+9$

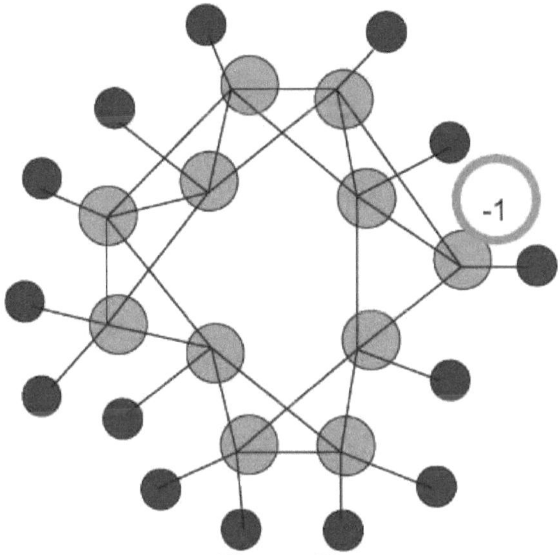

Figura - 39

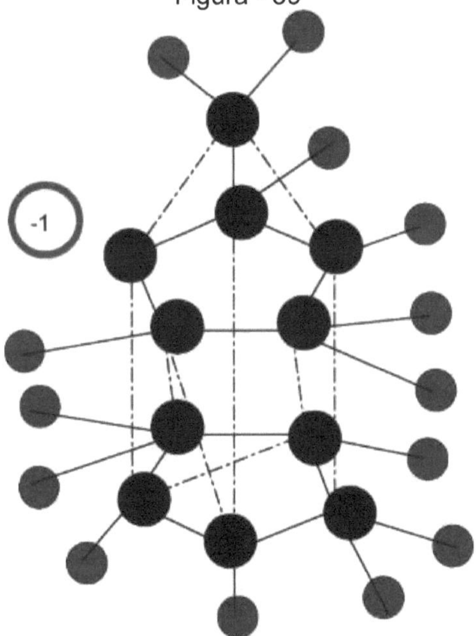

ESTRUTURAS ISOMÉRICAS DO B11H14-1

Figura - 40

R-24: $F=B_{10}H_{12}TIR_2^{-1}$

K=10[2,5]+12[-0,5]+1[2,5]+2[-0,5] +1[-0,5]=20, n=11

K(n)=20(11)

K=n+t

=11+9=n^{11}+9=n^{5}+n^{5}+n^{1}+9

=11+11-2

K=2n-2

S=4n+4(nido)

VE=4n+4=4[11]+4=48

VF=30+12+3+3=48

FBH=4n+4=[BH][11]+4H=BnH15

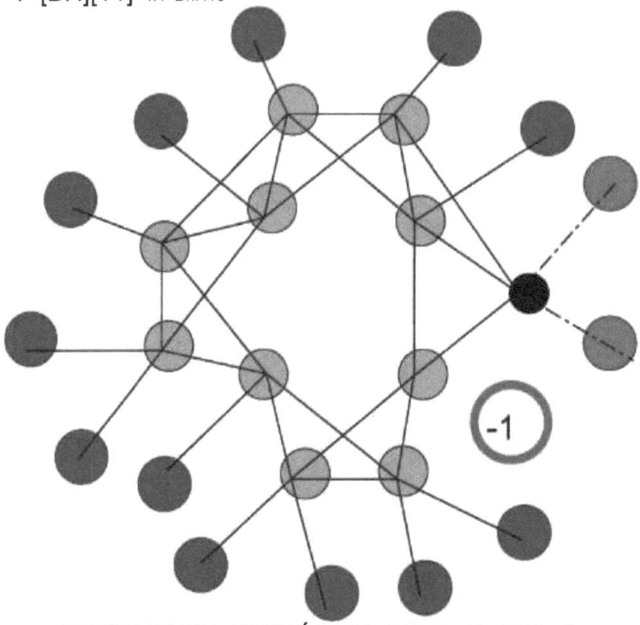

ESTRUTURA ISOMÉRICA DO $B_{10}H_{12}TIR_2$-1

Figura - 41

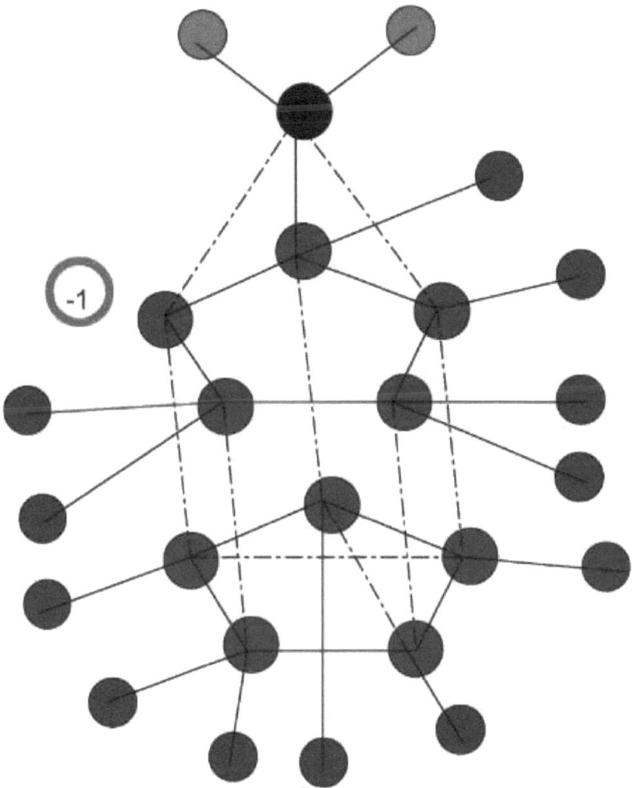

ESTRUTURA ISOMÉRICA DO $B_{10}H_{12}TIR_2$-1
Figura - 42

R-25: $F=C_4R_4B_8H_{10}$
K=4[2]+4[-0.5]+8[2.5]+10[-0.5]=
21,n=4+8=12
K(n)=21(12)
K=n+t
$=12+9=n^{12}+9=n^1+n^5+n^5+n^1+9$
=12+12-3
K=2n-3
S=4n+6(arachno)
VE=4n+6=4[12]+6=54
VF=16+4+24+10=54
FBH=4n+6=[BH][12]+6H=Bi_2Hi8

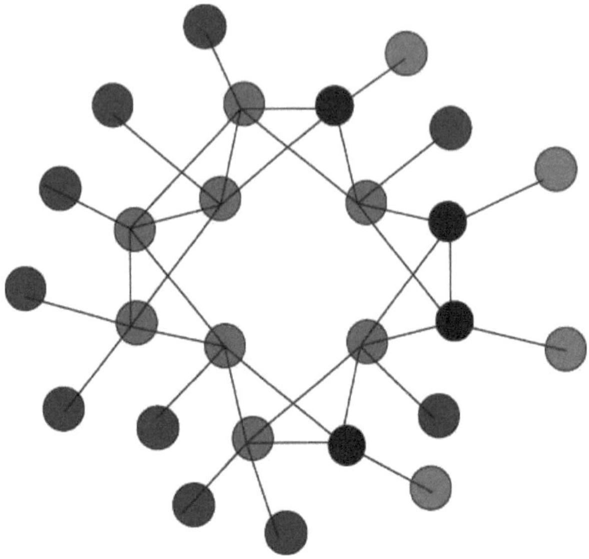

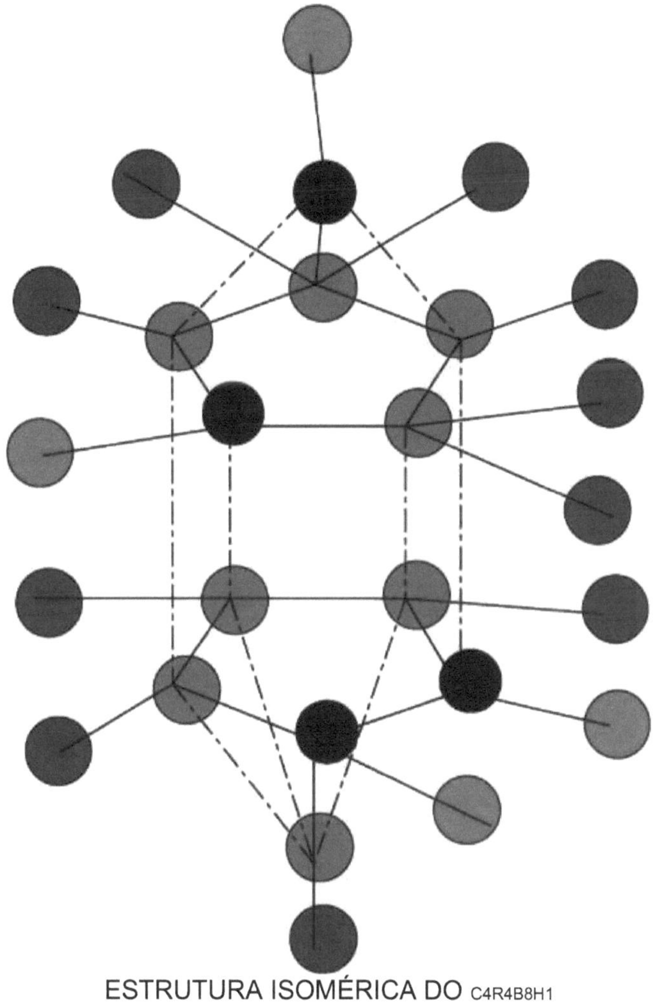

ESTRUTURA ISOMÉRICA DO C4R4B8H1
Figura - 43

CAPÍTULO 10

MODIFICAÇÕES DO ANEL

SISTEMAS DE UM ANEL

R-26: $F=C_4H_4Fe(CO)_3$

K=4[2]+4[-0.5]+1[5]+3[-1]=8,n=4+1

=5

K(n)=8(5)

K=n+t

$=5+3=n^5+3=n^4+n^1+3$

=5+5-2

K=2n-2

S=4n+4(nido), m=1

VE=4n+4+10m=4[5]+4+10[1]=34

VF=20+8+6=34

$F=Fe(C_4H_4)(CO)_3$

K(n)=8(5)

K=n+t

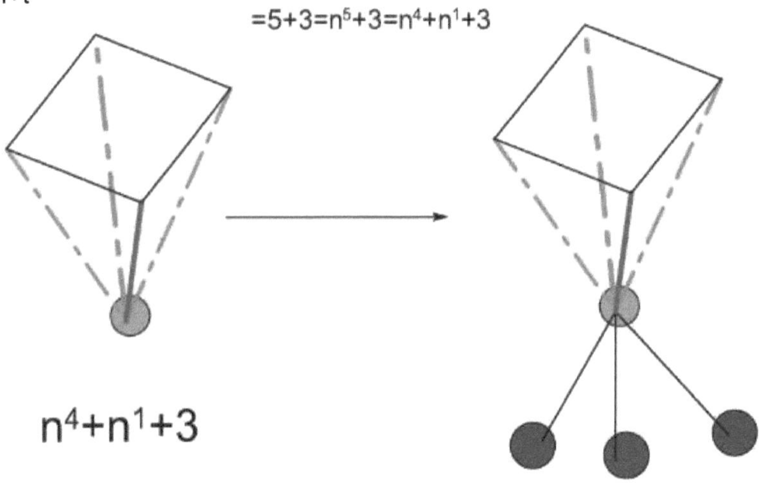

ESTRUTURA ISOMÉRICA DO $C_4H_4Fe(CO)_3$

Figura - 44

R-27: $F=Fe(C_5H_5)(CO)_2R$

K=1[5]+5[2]+5[-0.5]+2[-1]+1[-0.5]=10, n=6

K(n)=10(6)

K=n+t

$=6+4= n^6+4=n^5+n^1+4$

=6+6-2

K=2n-2

S=4n+4, m=1

VE=4n+4+10m=4[6]+4+10[1]=38

VF=8+25+5=38

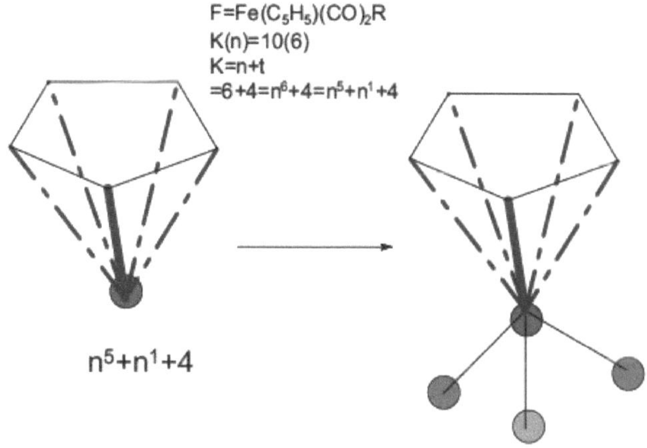

ESTRUTURA ISOMÉRICA DE Fe(Cp)$(CO)_2$R
Figura - 45
R-27: F=$(C_6H_6)Cr(CO)_3$ K=6[2]+6[-0.5]+1[6]+3[-1]=12, n=7
K(n)=12(7)
K=n+t
$=7+5=n^7+5=n^6+n^1+5$
=7+7-2
K=2n-2
S=4n+4, m=1
VE=4n+4+10m=4[7]+4+10[1]=42
VF=30+6++6=42
F=$(C_6H_6)Cr(CO)_3$
K(n)=12(7)
K=n+t
$=7+5=n^7+5=n^6+n^1+5$

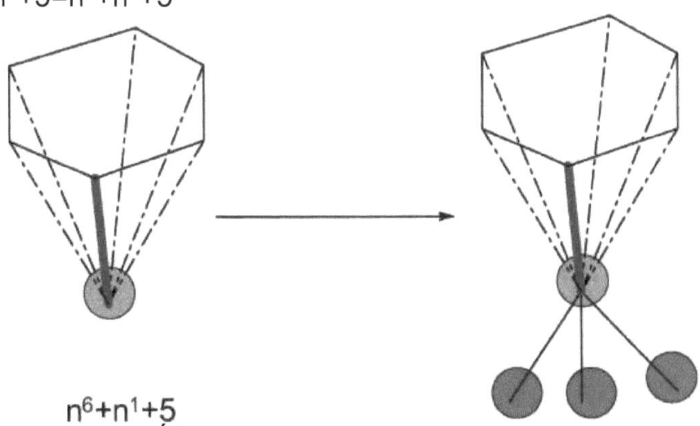

ESTRUTURA ISOMÉRICA DO $(C_6H_6)Cr(CO)_3$

Figura - 46

R-28: F=$Mo(CO)_3(C_2B_9H_{11})^{2-}$

K=1[6]+3[-1]+2[2]+9[2.5] +11[-0.5]+2[-0.5]=23, n=12

K(n)=23(12)

K=n+t

=12+11

= 12+12-1

K=2n-1

S=4n+2, m=1

VE=4n+2+10m=4[12]+2+

10[1]=60

VF=6+6+8+27+11+2=60

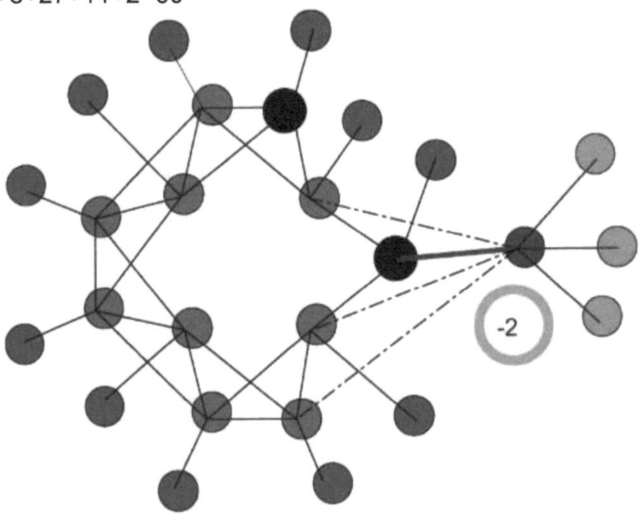

ESTRUTURA ISOMÉRICA DE $Mo(CO)_3(C_2B_9H_{11})^{2-}$

Figura - 47

R-29: F=Ir $(B_5H_8)L_3$

K=1[4.5]+5[2.5]+8[-0.5]+3[-1]=10,

n=6

K(n)=10(6)

K=n+t

=6+4=n^6+4

=6+6-2

K=2n-2

S=4n+4, m=1

VE=4n+4+10m=4[6]+4+10[1]=38

VF=1[9]+15+8+6=38

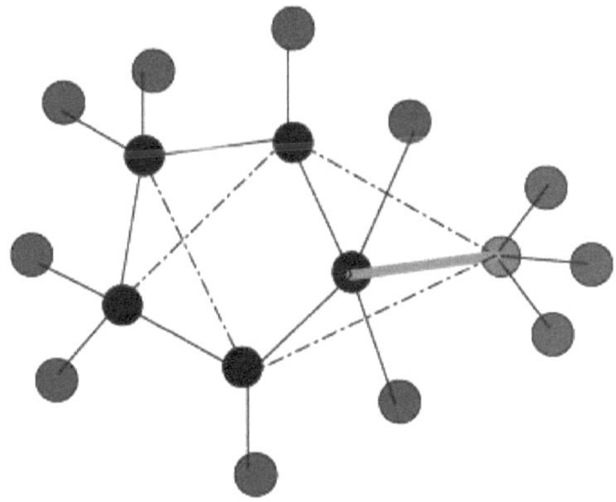

ESTRUTURA ISOMÉRICA DO $IR(B_5H_8)L_3$

Figura - 48

R-30: $F=(C_2B_9H_{11})Re(CO)_3^{-1}$

K=2[2]+9[2.5]+11[-0.5]+1[5.5]+3[-1]+1[-0.5]=29,n=12

K(n)=23(12)

K=n+t

$=12+11=n^{12}+11$

=12+12-1

K=2n-1

S=4n+2, m=1

VE=4n+2+10m=4[12] +2+10[1] =60

VF=8+27+11+7+6+1=60

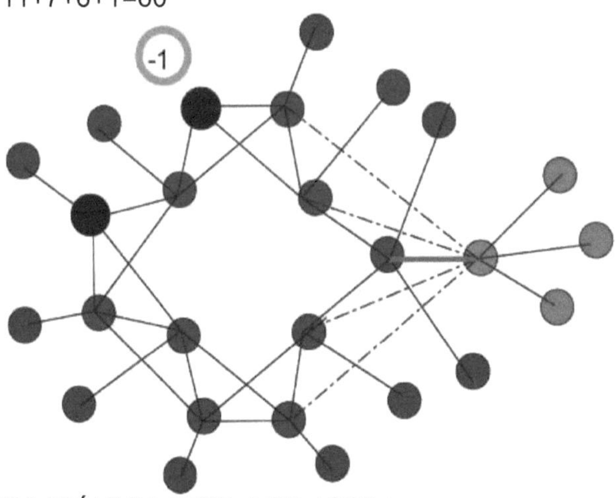

ESTRUTURA ISÓMICA DE^BgH^RetCO^-l

Figura - 49

R-31: $F=NiPb_{10}^{2-}$ K=1[4]+10[2]+2[-0.5]=23, n=11

K(η)=23(11)

K=n+t

$=11+12=\eta^{10}+\eta^{1}+12$

=11+11+1

$K=2\eta+1$

S=4n-2,m=1

VE=4n-2+10m=4[11]-2 +10[1]=52

VF=10+42=52

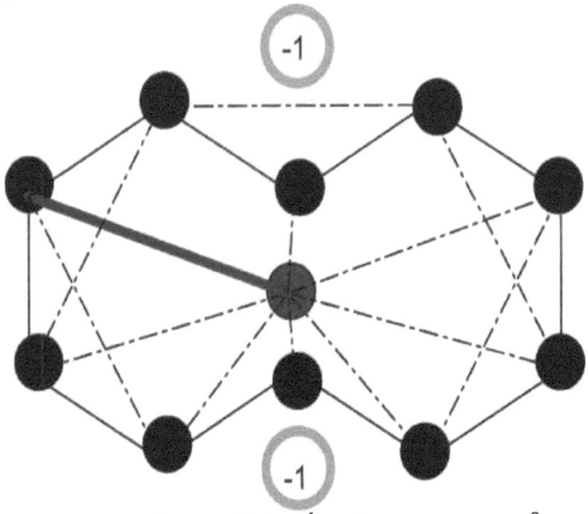

ESTRUTURA ISOMÉRICA DE $NiPbio^{2\prime}$

Figura - 50

SISTEMAS DE DOIS ANÉIS

R-32: $F=Fe(C_5H_5)_2$

K=1[5]+10[2]+10[-0.5]=

20,n=1+10=11

K(n)=20(11)

K=n+t

$=11+9=n^{11}+9=n^{6}+n^{5}+9=n^{5}+n^{1}+n^{5}+9$

=11+11-2

K=2n-2

S=4n+4, m=1

VE=4n+4+10m=4[11]+4+10[1]=58

VF=8+50=58

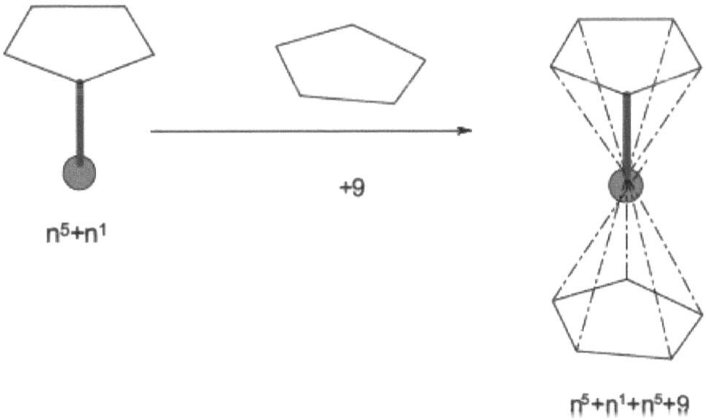

estrutura isomérica do fe(C5H5)2
Figura - 51

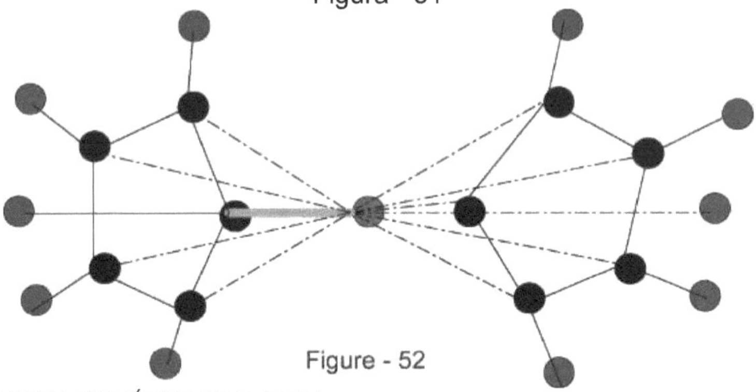

Figure - 52

ESTRUTURA ISOMÉRICA DE $Fe(C_5H_5)_2$

R-33: $F=C_{11}H_{12}$
K=11[2]+12[-0,5]=16, n=11
K(n)=16(11)
K=n+t
=11+5=n11+5=$n^5+n^1+n^5+5$
=11+11-6
K=2n-6
S=4n+12
VE=4n+12=4[11]+12=56
VF=11[4]+12=56

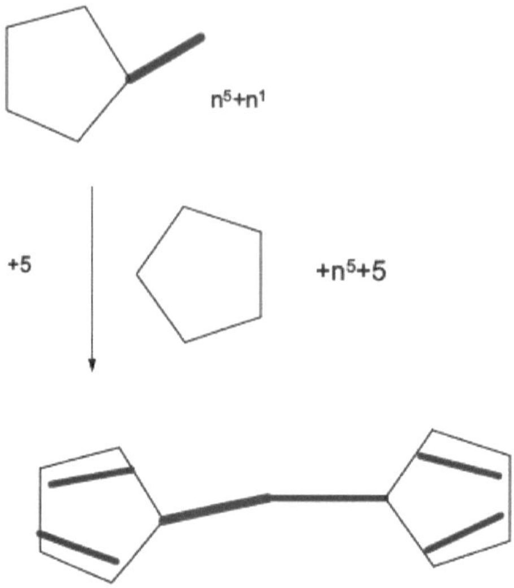

$n^5+n^1+n^5+5$

ESTRUTURA ISOMÉRICA DO $(C_5H_5)_2CH_2$

Figura - 53

R-34: F=Cr$(C_6H_6)_2$

K=1[6]+12[2]+12[-0.5]=24,n=13

K(n)=24(13)

K=n+t

$=13+11=n^{13}+11=n^7+n^6+11=n^6+n^1+n^6+11$

= 13+13-2

K=2n-2

S=4n+4, m=1

VE=4n+4+10m=4[13]+4+10[1]=66

VF=6+60=66

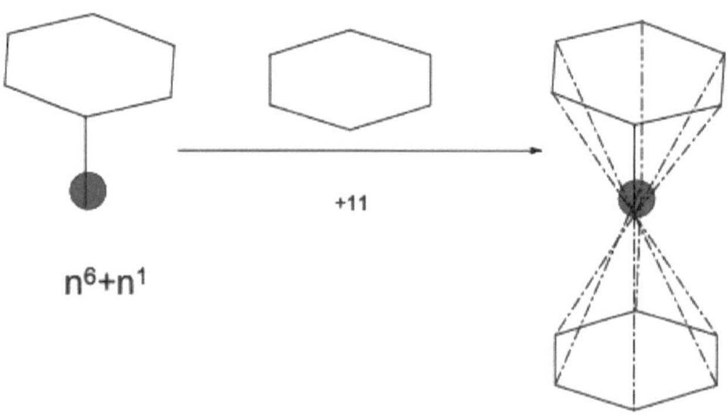

$n^6+n^1+n^6+11$

estrutura isomérica do cr$(c_6h_6)_2$

Figure - 54

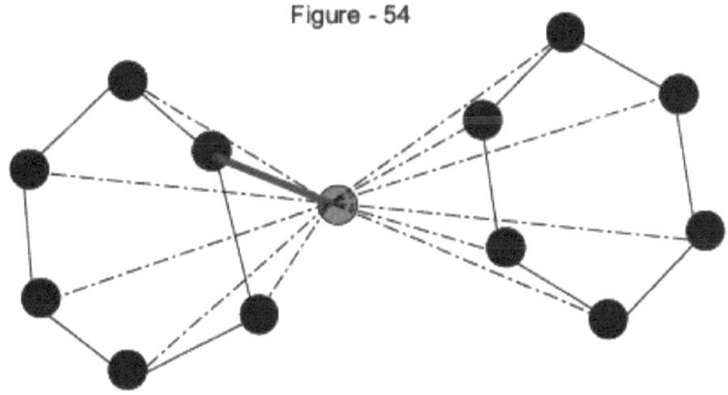

estrutura isomérica do $cr(c_6h_6)_2$

Figura - 55

R-35: $F=C_6H_5CH_2C_6H_5$

=ClsHl2

K=13[2]+12[-0,5]=20, n=13

K(n)=20(13)

K=n+t

$=13+7=n^{13}+7=n^{7}+n^{6}+7$

=13+13-6

K=2n-6

S=4n+12

VE=4n+12=4[13]+12=64

VF=13[4]+12=64

$F=C_6H_5CH_2C_6H_5$ ○KJ ᴜKJ

=C13H12

K(n)=20(13)

K=n+t

$=13+7=n^{13}+7=n^{7}+n^{6}+7=n^{6}+n^{1}4-n^{6}+7$

$F=n^6+n^1+n^6+7$

ESTRUTURA ISOMÉRICA DO $(C_6H_5)2CH_2$

Figura - 56

R-36: $F=(Ge_9)_2^{6}$-

K=18[2]+6[-0.5]=33,n=18

K(n)=33(18)
K=n+t
=18+15=n18+15=n^9+n^9+15
=18+18-3
K=2n-3
S=4n+6
VE=4n+6=4[18]+6=78
VF=18[4]+6=78

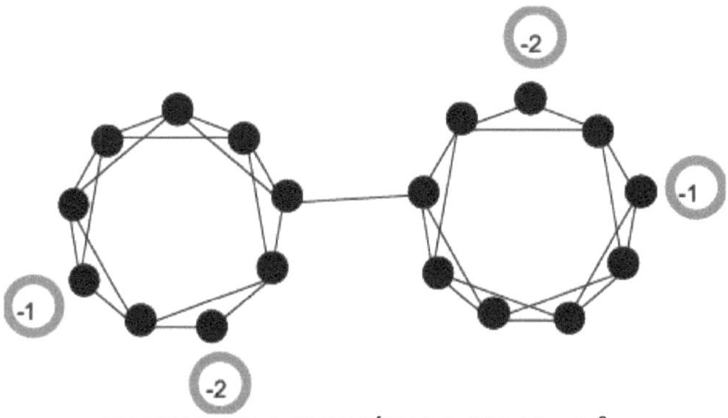

ESTRUTURA ISOMÉRICA DE $(Ge_9)_2^{6-}$
Figura - 57

R-37: F-B_2QH_{26}
K=20[2.5]+26[-0.5]=37,
n=20
K(n)=37(20)
K=n+t
=20+17=n^{20}+17=2n^{10}+17=2n^{10}+2(8)+1
=20+20-3
K=2n-3
S=4n+6
VE=4n+6=4[20]+6=86
VF=60+26=86

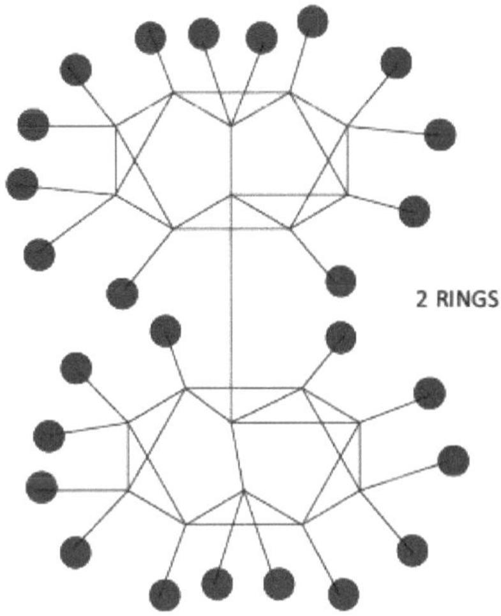

ESTRUTURA ISOMÉRICA DO $B_{20}H_{26}$
Figura - 58

R-38: $F=C_5H_5CoC_2B_3H_7$
$K=5[2]+5[-0.5]+1[4.5]+2[2]+3[2.5]$
$+7[-0.5]=20$, $n=11$
$K(n)=20(11)$
$K=n+t$
$\mathbf{=11+9=n^{11}+9=n^{6}+n^{5}+9}$
$=11+11-2$
$K=2n-2$
$S=4n+4$, $m=1$
$VE=4n+4+10m=4[11]+4+10[1]=58$
$VF=25+9+8+16=58$

R-39: $F=B_{12}H_{16}$
$K=12[2,5]+16[-0,5]=22$, $n=12$
$K(n)=22(12)$
$K=n+t$
$\mathbf{=12+10=\eta^{12}+10=2\eta^{6}+10=2\eta^{6}+4+4+2}$
$=12+12-2$
$K=2\eta-2$
$S=4n+4$(nido)
$VE=4n+4=4[12]+4=52$
$VF=36+16=52$

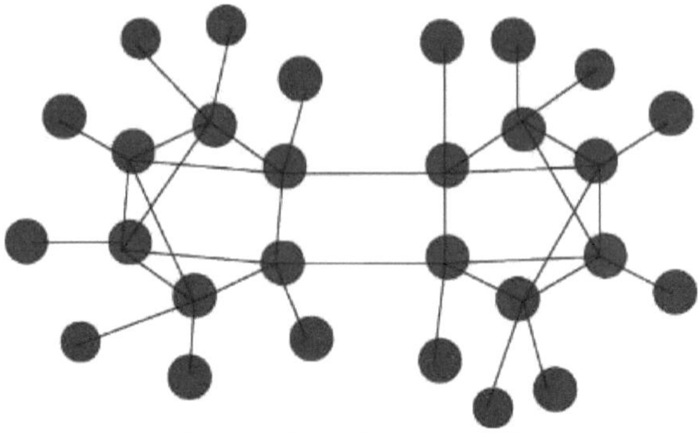

estrutura isomérica do bi_2h_{16}
Figura - 59

R-40: $F=Co(C_5H_5)(C_2B_3H_7)$
K=1[4.5]+5[2]+5[-0.5]
2[2]+3[2.5]+7[-0.5]=20,
n=11
K(n)=20(11)
K=n+t
$=11+9=n^{11}+9=n^6+n^5+9$
=11+11-2
K=2n-2
S=4n+4, m=1
VE=4n+4+10m=4[11]+4
+10[1]=58
VF=9+25+8+9+7=58
R-41: F= $(C_5H_5)CoC_2B_4H_6$
K=5[2]+5[-0.5]+1 [4.5]+2[2]+4[2.5]+6[-0.5]=
23, n=12
K(n)=23(12)
K=n+t
$=12+11=n^{12}+11=n^7+n^5+11$
=12+12-1
K=2n-1
S=4n+2, m=1
VE=4n+2+10m=4[12]+2+10[1]=60
VF=20+5+9+8+12+6=60

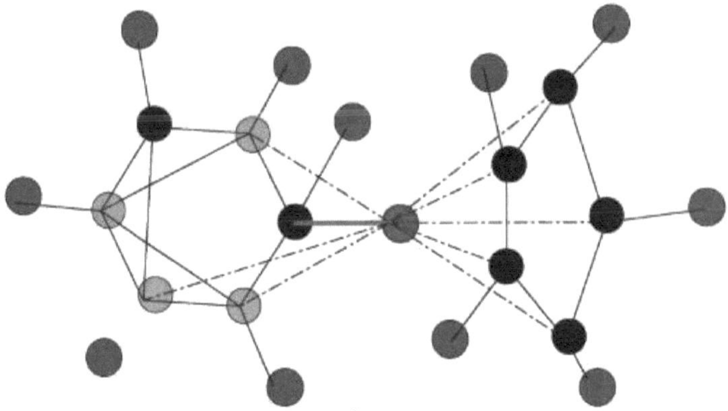

ESTRUTURA ISOMÉRICA DO $CpCoC_2B_4H_6$

Figura - 60

R-42: F=PtCl2(B_6Hio)2

K=1[4]+2[-0.5]+12[2.5]+20[-0.5]=23, n=13

K(n)=23(13)

K=n+t

$=13+10=n^{13}+10=n^{7}+n^{6}+10=n^{6}+n^{1}+n^{6}+10$

=13+13-3

K=2n-3

S=4n+6(arachno), m=1

VE=4n+6+10m=4[13]+6+10[1]=68

VF=10+2+36+20=68

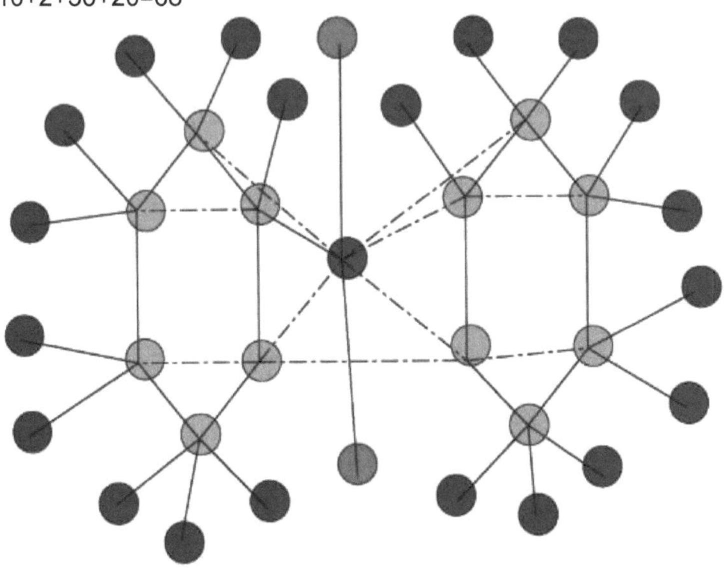

ESTRUTURA ISOMÉRICA DE $PtCl_2(B_6H_{10})_2$

Figura - 61

R-43: F=$Fe(C_2R_2B_4H_5)_2$

K=1[5]+4[2]+4[-0.5]+8[2.5]+10[-0.5]= 26,n=1+4+8=13

K(n)=26(13)

K=n+t

=13+13 =n^{13}+13=n^7+n^6+13

=13+13-0

K=2n-0

S=4n+0, m=1

VE=4n+0+10m=4[13]+0+10[1]=62

VF=8+16+4+24+10=62

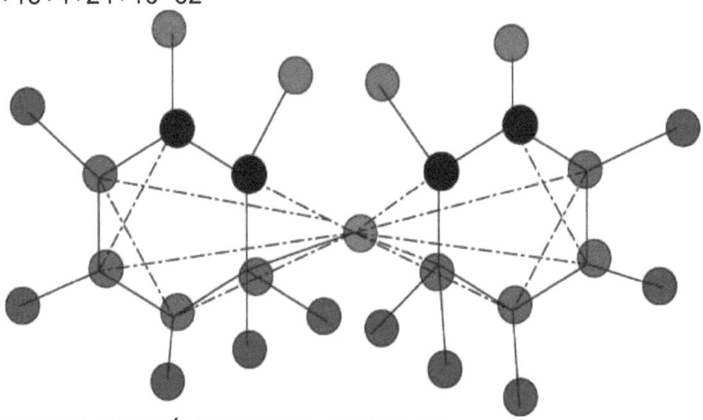

ESTRUTURA ISOMÉRICA DE $Fe(C_2R_2B_4H_5)_2$

Figura - 62

R-44: F=$(C_5H_5)(Co)(C_2B_6H_8)$

K=5[2]+5[-0.5]+1 [4.5]+2[2]+6[2.5]+8[-0.5]=27

n=5+1+2+6=14, m=1

K(n)=27(14)

K=n+t

=14+13=n^6+n^8+13

=14+14-1

K=2n-1

S=4n+2

VE=4n+2+10m=4[14] +2+10[1] =68

VF=5[4] +5+9+4+18+8=68

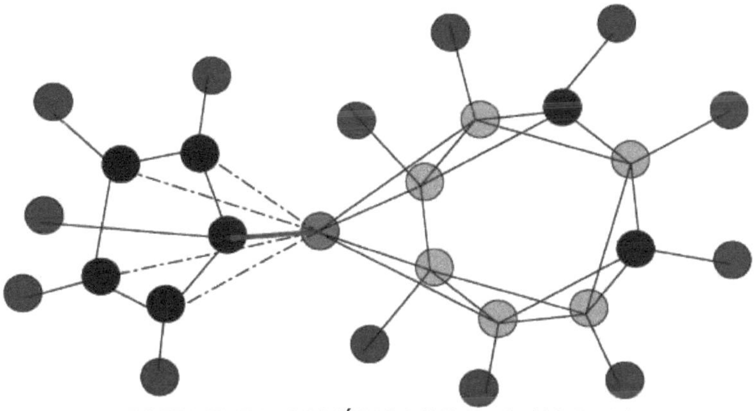

ESTRUTURA ISOMÉRICA DE $(CoCp)(C_2B_6H_8)$

Figura - 63

R-45: $F=Fe(C_5H_5)(C_2B_9H_{11})^{-1}$

K=1[5]+5[2]+5[-0.5]+2[2]+9[2.5]

+11[-0.5]+1[-0.5]=33,

n=1+5+11=17

K(n)=33(17)

K=n+t

$=17+16=n^{17}+16=n^{12}+n^5+16$

=17+17-1

K=2n-1

S=4n+2,m=1

VE=4n+2+10m=4[17]+2+10[1]=80

VF=8+25+8+27+11+1=80

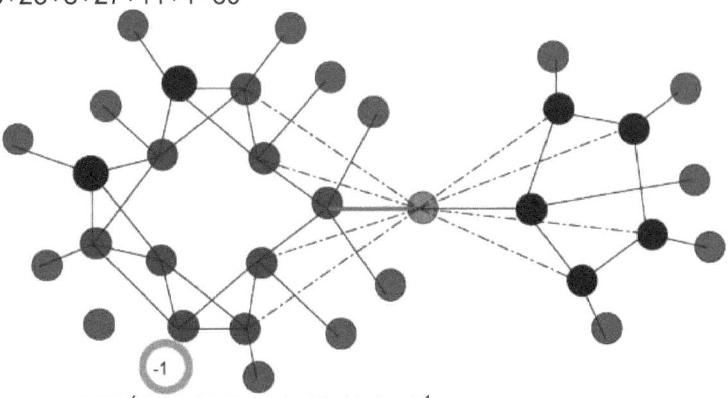

ESTRUTURA ISOMÉRICA DE $Ee(_{C(2)B(9)}H,_{и})(_{C(5)H(5)})^{-1}$

Figura - 64

R-46: $F=Ni(B_{10}H_{12})_2{}^{2}$-

K=1 [4]+20[2.5]+24[-0.5]+2[-0.5]=41, n=21, m=1

K(n)=41(21)

K=n+t

=21+20

=21+21-1

K=2n-1

S=4n+2

VE=4n+2+10m=4[21]+2+10[1]=96

VF=1[10]+20[3]+24+2=96

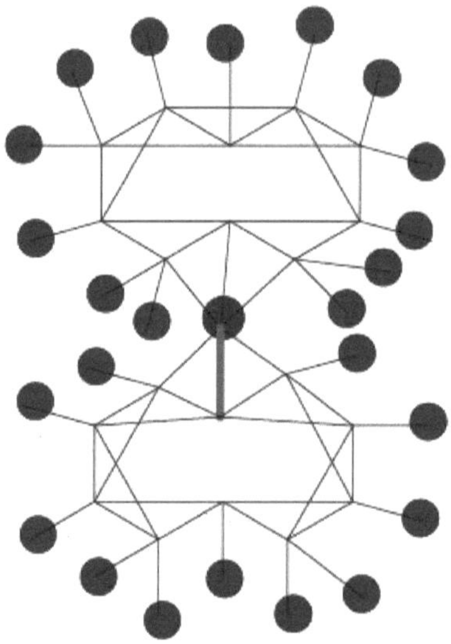

ESTRUTURA ISOMÉRICA DE $Ni(B_{10}H_{12})_22-$

Figura - 65

R-47: $F=Zn(B_{10}H_{12})_2^{2-}$

K=1[3]+20[2.5]+24[-0.5]+2[-0.5]=40,n=21

K(n)=40(21)

K=n+t

=21+19

=n^{21}+19

=n^{11}+n^{10}+19

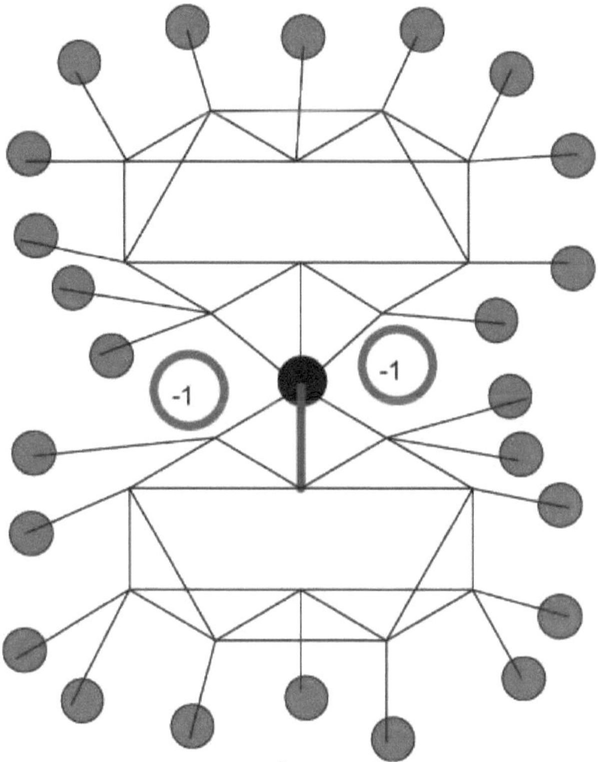

ESTRUTURA ISOMÉRICA DE $Zn(B_{1O}H_{12})_2$2-

Figura - 66

48: R-F=$Fe(C_2B9H_{11})_2^{2-}$

K=1[5]+4[2]+18[2.5]+22[-0.5]+2[-0.5]=46, n=23

K(n)=46(23)

K=n+t

=23+23=n^{23}+23=n^{12}+n^{11}+23

=23+23-0

K=2n-0

S=4n+0, m=1

VE=4n+0+10m=4[23]+0+10[1]=102

VF=1[8]+2[8+27+11]+2=102

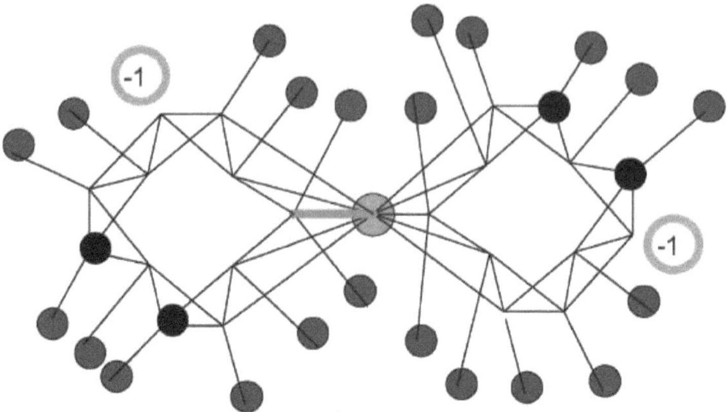

ESTRUTURA ISOMÉRICA DE $Fe(C_2B_9H_{11})_2 2-$

Figura - 67

R-49: $F=Cu(B_{11}H_{11})_2^{3-}$ K=1[3.5]+22[2.5]+22[-0.5] +3[-0.5]=46, n=23

K(n)=46(23)

K=n+t

$=23+23=n^{23}+23=n^{12}+n^{11}+23$

=23+23-0

K=2n-0

S=4n+0, m=1

Ve=4n+0+10m=4[23]+0+ 10[1]=102

VF=11+66+22+3=102

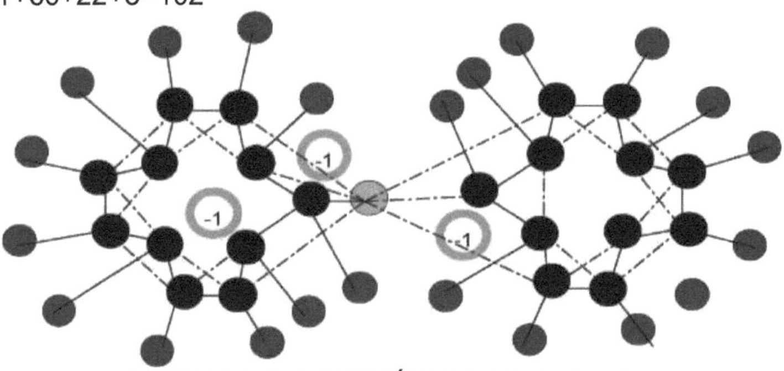

ESTRUTURA ISOMÉRICA DE Cu(BiiHii)3-

Figura - 68

R-50: $F=Cu(C2B9H_{11})_2^{-1}$

K=1[3.5]+4[2]+18[2.5]+22[-0.5]+1[-0.5]=

=45, n=23

K(n)=45(23)

K=n+t

$=23+22=n2^{3}+22=n^{1}2+n^{11}+22$

=23+23-i

K=2n-i

S=4n+2,m i=

VE=4n+2+10m=4[23]+2+10[1]=104

VF=1[11]+4[4]+18[3]++22+1=104

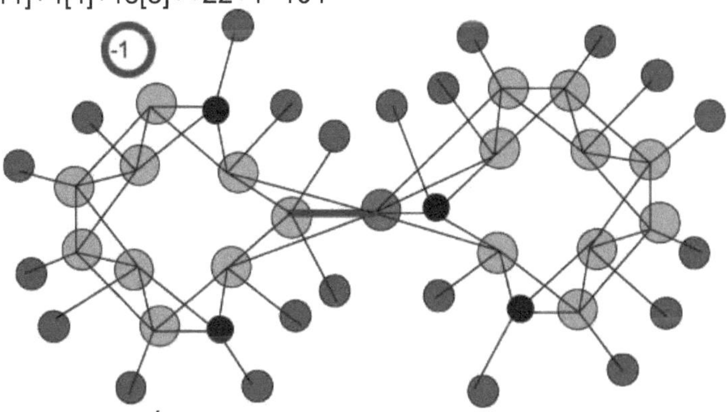

ESTRUTURA ISOMÉRICA DE $Cu(C_2B_9H_{11})_2$-1

Figura - 69

R-51: F=$Co(C_2B_9H_{11})_2^{-1}$

K=1[4.5]+2[4+22.5-5.5]+1[-0.5]=

46,n=23

K(n)=46(23)

K=n+t

=23+23=n^{23}+23

=23+23-0

K=2n-0

S=4n+0,m=1

VE=4n+0+10m=4[23]+0+10=102

VF=9+2[8+27+11]+1=102

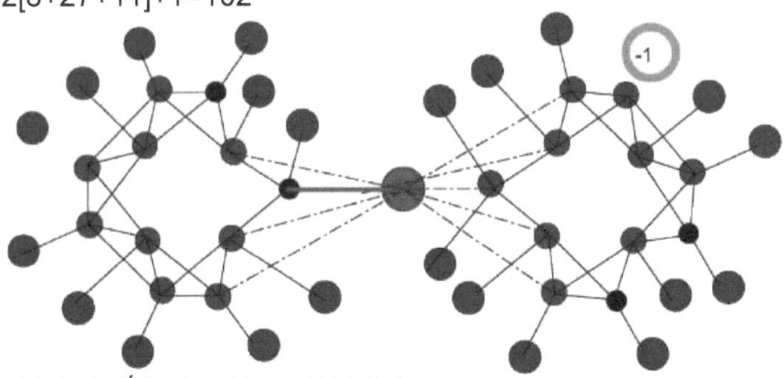

ESTRUTURA ISOMÉRICA DO $CO(C_2B_9H_{11})_2$-1

Figura - 70

R-52: F=$(C_5H_5)_2LiV(CO)_4$

K=10[2]+10[-0.5]+1[3.5] +1[6.5]+4[-1]=21,n=12

K(n)=21(12)

K=n+t

=12+9=n^{12}+9=n^{5}+n^{1}+n^{5}+n^{1}+9

=12+12-3

K=2n-3

S=4n+6(arachno),m=1

VE=4n+6+10m=4[12]+6 +10[1]=64

VF=50+1+5+8=64

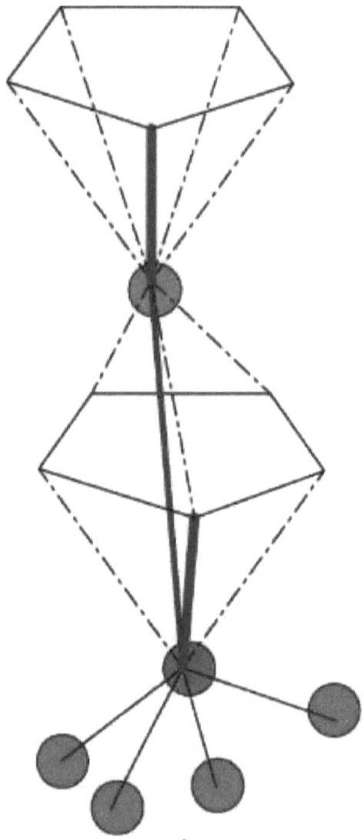

ESTRUTURA ISOMÉRICA DO $Cp_2LiV(CO)_4$

Figura - 71

R-53: F=$Rh_2Cp_2(CO)_2$

K=2[4.5]+10[2]+10[-0.5]

+2[-1]=22, n=12

K(n)=22(12)

K=n+t

=12+10=n^{6}+n^{6}+10=n^{5}+n^{1}+n^{1}+n^{5}+10

=12+12-2

K=2n-2

S=4n+4, m=2

VE=4n+4+10m=4[12]+4

+10[2]=72

VF=18+50++4=72

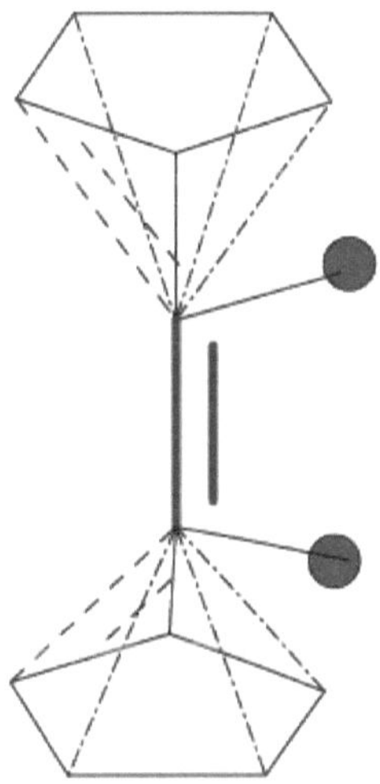

ESTRUTURA ISOMÉRICA DE $Rh_2Cp_2(CO)_2$
Figura - 72

R-54: $F=Mo_2(Cp)_2(CO)_4$
K=2[6]+10[2]+10[-0.5]+4[-1]=23, n=12
K(n)=23(12)
K=n+t
$=12+11=n^{12}+11=n^5+n^1+n^1+n^5+11$
=12+12-1
K=2n-1
S=4n+2(closo), m=2
VE=4n+2+10m=4[12]+2+10[2]=70
VF=12+50+8=70

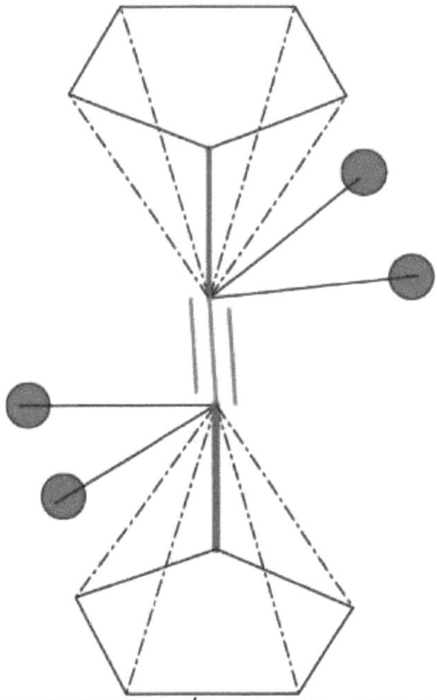

ESTRUTURA ISOMÉRICA DE $Mo_2(CO)_4(Cp)_2$

Figura - 73

R-55: $F=Mo_2(Cp)_2(CO)_6$

$K=2[6]+10[2]+10[-0,5]+6[-1]=21$, $n=12$

$K(n)=21(12)$

$K=12+9=n^6+n^6+9=n^5+n^1+n^1+n^5+9$

$=12+12-3$

$K=2n-3$

$S=4n+6, m=2$

$VE=4n+6+10m=4[12]+$

$6+10[2]=74$

$VF=12+50+12=74$

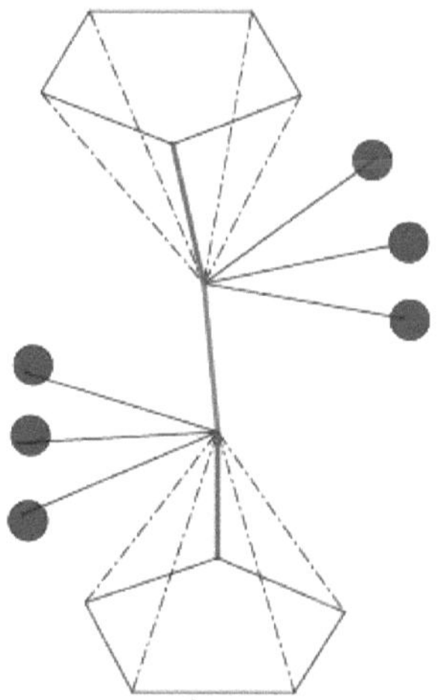

ESTRUTURA ISOMÉRICA DE $Mo_2Cp_2(CO)_6$

Figura - 74

SISTEMAS DE TRÊS ANÉIS

R-56: $F=[WCp^*(CO)_2]_2B_2H_2Mo(CO)_4$

$F=W_2Cp^*_2(CO)_4B_2H_2Mo(CO)_4$

K=2[6]+10[2]+10[-0.5]+4[-1]+2[2.5]+2[-0.5] +1[6]+4[-1]=29, n=15

K(n)=29(15)

K=n+t **=15+14=n^{15}+14=$n^6+n^3+n^6$+14** =15+15-1

K=2n-1

S=4n+2, m=3

VE=4n+2+10m=4[15]+2+10[3]=92

VF=12+50+8+8+6+8=92

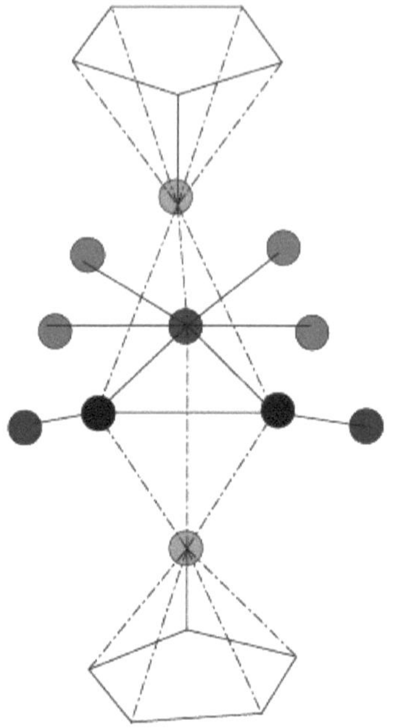

ESTRUTURA ISOMÉRICA DE $[WCp^*(CO)_2]_2B_2H_2Mo(CO)_4$
Figura - 75
R-57: $F=Co_2Cp_2B_4H_6$
K=2[4.5]+2[5(2)+5(-0.5)]+4[2.5] +6[-0.5]=31, n=16
K(n)=31(16)
K=n+t
$=16+15=n^{16}+15=n^6+n^6+n^4+15$
=16+16-1
K=2n-1
S=4n+2,m=2
VE=4n+2+10m=4[16]+2+10[2] =86
VF=18+50+12+6=86

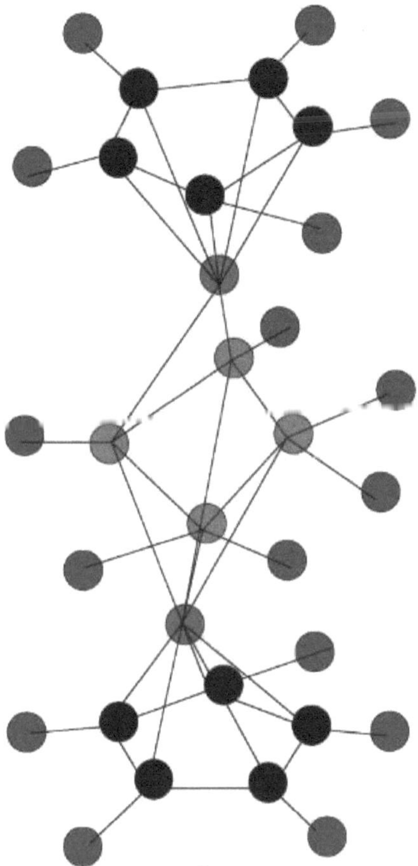

ESTRUTURA ISOMÉRICA DE $Co_2Cp_2B_4H_6$
Figura - 76

R-58: $F=(C_5H_5)_2Ir_2B_4H_8$
K=10[2]+10[-0.5]+2[4.5]+4[2.5]+8[-0.5]=30, n=16
K(n)=30(16)
K=n+t
=16+14=n^{16}+14=n^6+2n^5+14
=16+16-2
K=2n-2
S=4n+4(nido), m=2
VE=4n+4+10m=4[16]+4+10[2]=88
VF=50+18+12+8=88

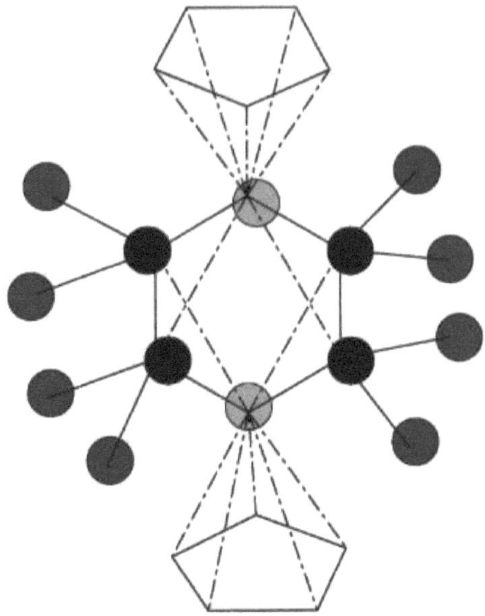

ESTRUTURA ISOMÉRICA DE $(C_5H_5)_2Ir_2B_4H_8$
Figura - 77

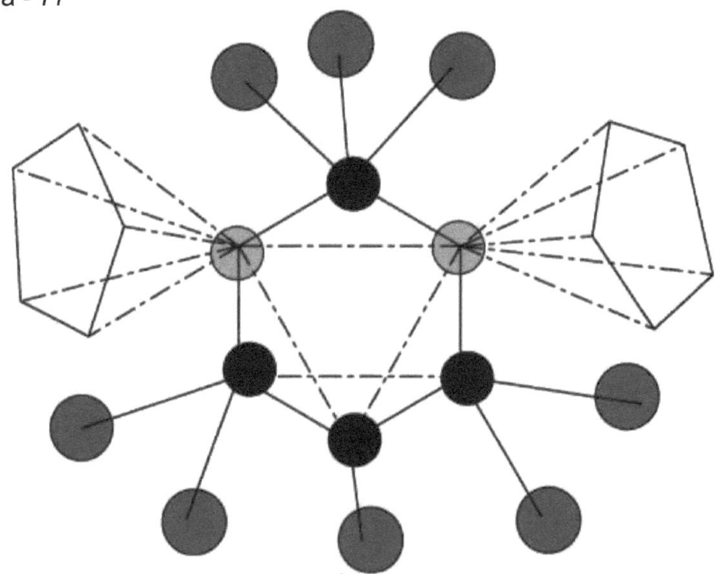

ESTRUTURA ISOMÉRICA DE $(C_5H_5)_2Ir_2B_4H_8$
Figura - 78

R-59: $F=Ru_2(C_5H_5)_2B_4H_8$
K=2[5]+10[2]+10[-0.5]+4[2.5] +8[-0.5]=31, n=16
K(n)=31(16)

$K=n+t=16+15=n^{16}+15=2n^{5}+n^{6}+15$
$=16+16-1$
$K=2n-1$
$S=4n+2$(closo),$m=2$
$VE=4n+2+10m=4[16]+2+10[2]=86$
$VF=16+50+12+8=86$

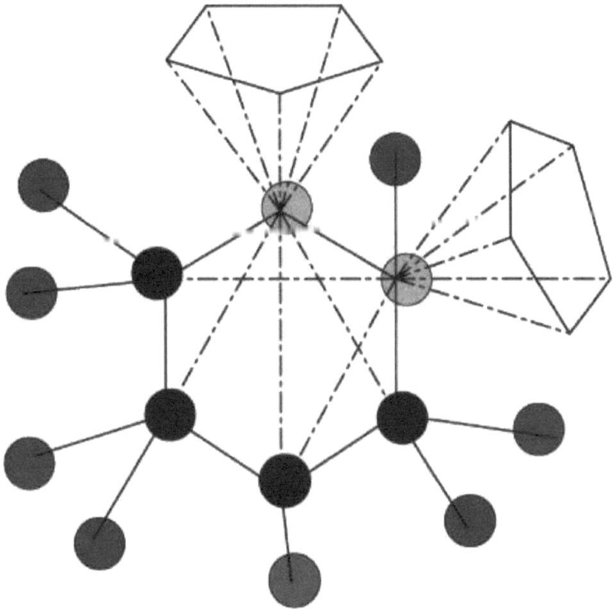

ESTRUTURAS ISOMÉRICAS DE (CsHskRuaB^e
Figura - 79

R-60: $F=Re_2(C_5H_5)_2B_4H_8$
$K=2[5.5]+10[2]+10[-0.5]+4[2.5]$
$+8[-0.5]=32$, $n=16$
$K(n)=32(16)$
$K=n+t=16+16=n^{16}+16=2n^{5}+n^{6}+16=16+16-0$
$K=2n-0$
$S=4n+0,m=2$
$VE=4n+0+10m=4[16]+0+10[2]=84$
$VF=14+50+12+8=84$

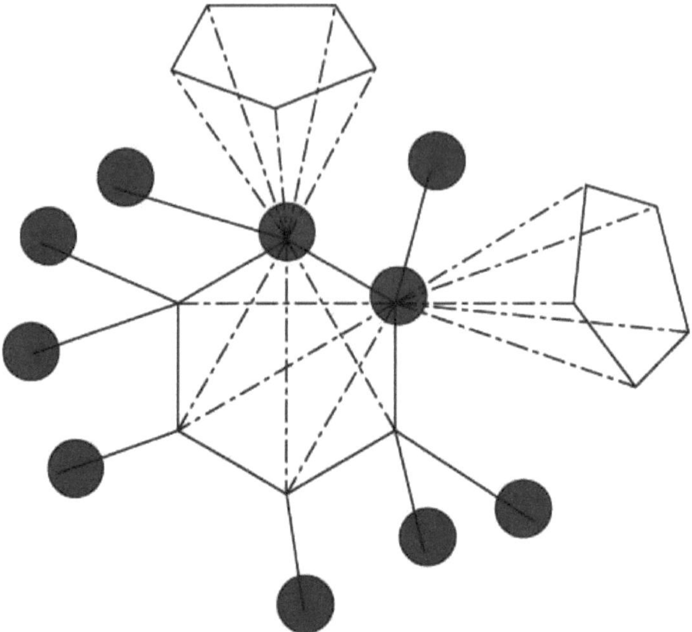

ESTRUTURA ISOMÉRICA DE $(C_5H_5)_2Re_2B_4H_8$

Figura - 80

R-61: F=Cr2(C5H5)2B4H8 K=2[6]+10[2]+10[-0.5]+4[2.5]+ 8[-0.5]=33, n=16

K(n)=33(16)

K=n+t

=16+17=n16+17=$2n^5+n^6$+17 =16+16+1

K=2n+1

S=4n-2, m=2

VE=4n-2+10m=4[16]-2+10[2]=82

VF=12+50+12+8=82

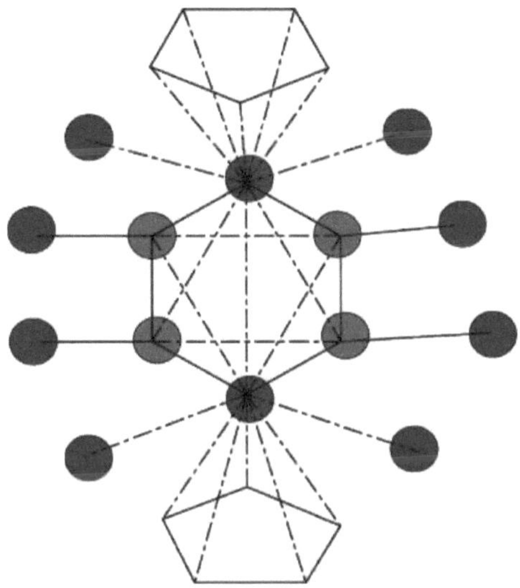

ESTRUTURA ISOMÉRICA DE $(C_5H_5)_2Cr_2B_4H_8$
Figura - 81

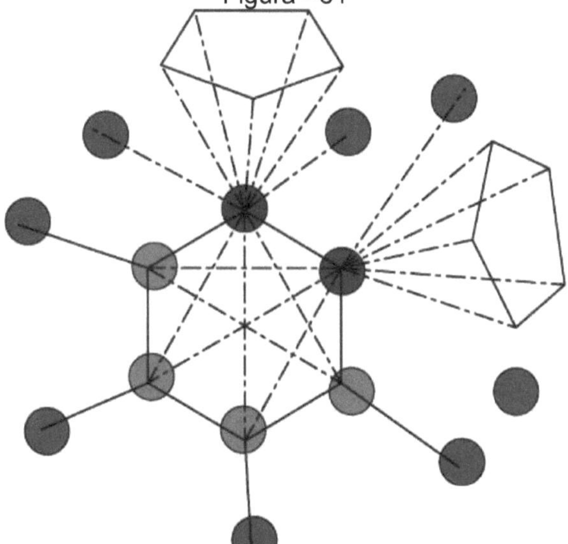

ESTRUTURA ISOMÉRICA DE $(C_5H_5)_2Cr_2B_4H_8$
Figura - 82

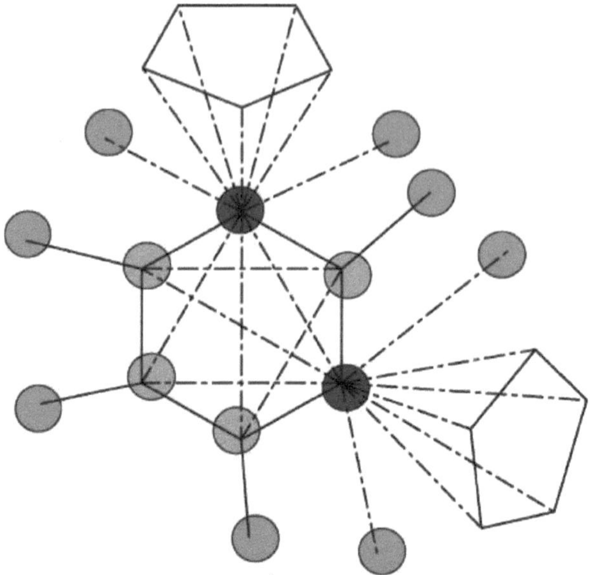

ESTRUTURA ISOMÉRICA DE $(C_5H_5)_2Cr_2B_4H_8$
Figura - 83

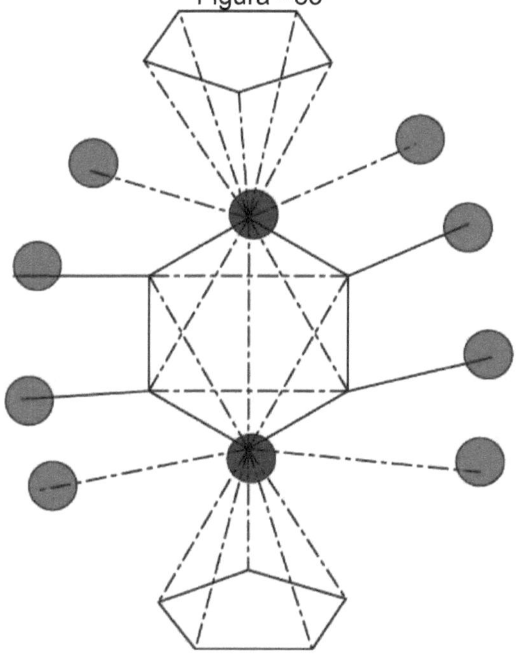

ESTRUTURA ISOMÉRICA DE $(C_5H_5)_2Cr_2B_4H_8$
Figura - 84

R-62: F= $(Ge_9)_3^{6-}$ K=27[2]+6[-0.5]=51, n=27 K(n)=51(27)
K=n+t
=27+24=n^{27}+24=n^9+n^9+n^9+24 =27+27-3
K=2n-3
S=4n+6
VE=4n+6=4[27]+6=114
VF=27[4]+6=114

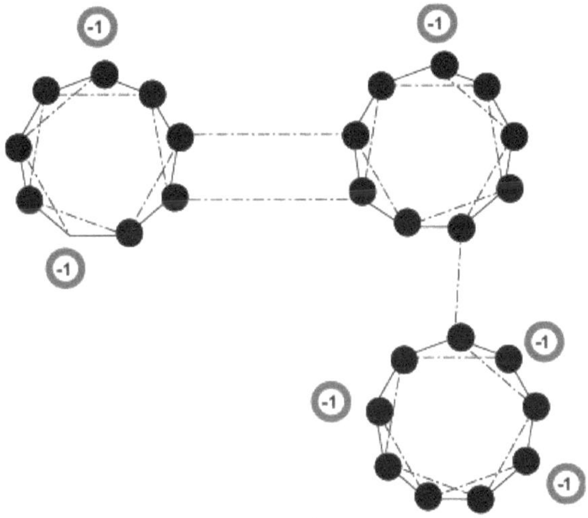

ESTRUTURA ISOMÉRICA DE $(Ge_9)_3^{6-}$
Figura - 85

R-63: F-$Mo_2Cp_2B_4H_{ñ}$ K=2[6]+10[2]+10[-0.5] +4[2.5]+8[-0.5]=33, п=16
К(п)=33(16)
K=n+t =16+17 =16+16+1 К=2п+1
S=4n-2, m=2
VE=4n-2+10m=4[16]-2 + 10[2]=82
VF=12+50+20=82

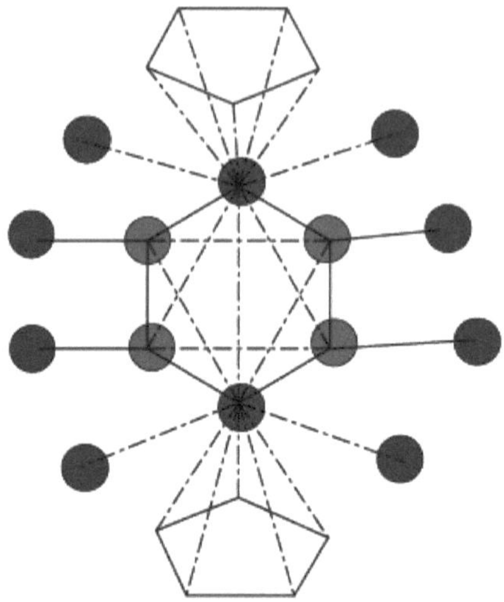

ESTRUTURA ISOMÉRICA DE $Mo_2Cp_2B_4H_8$
Figura - 86

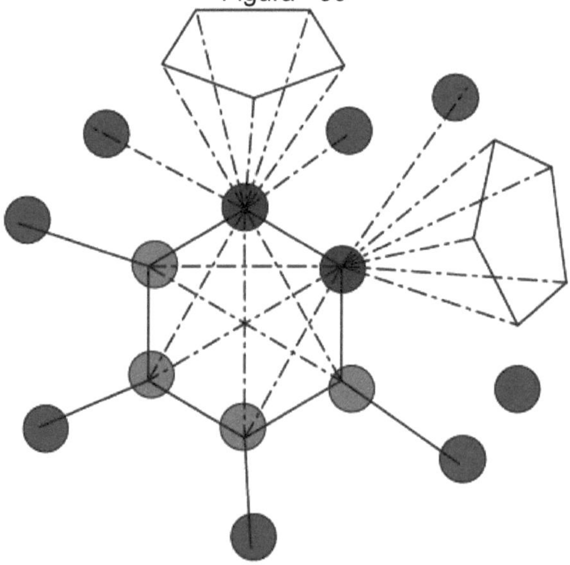

ESTRUTURA ISOMÉRICA DE $Mo_2Cp_2B_4H_8$
Figura - 87

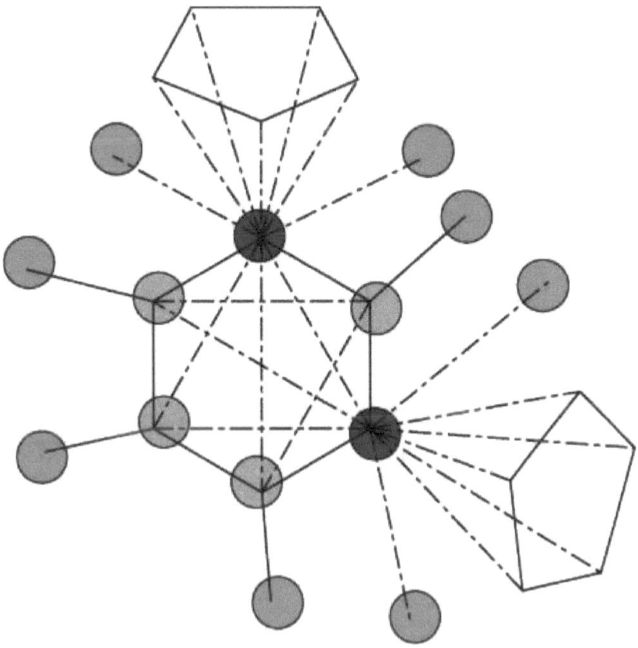

ESTRUTURA ISOMÉRICA DE $Mo_2Cp_2B_4H_8$
Figura - 88
R-64: $F=(WCp^*)_2B_4H_8Mo(CO)_4$
K=2[6]+10[2]+10[-0.5]
4[2.5]+8[-0.5]+1[6]+4[-1]
=35, n=17
K(n)=35(17)
K=n+t
$=17+18=n^{17}+18=n^{6}+n^{5}+n^{6}+18$
=17+17+1
K=2n+1
$K^*=C^{2}+D^{15}$
S=4n-2, m=3
VE=4n-2+10m=4[17]-2
+10[3]=96
VF=62+20+14=96

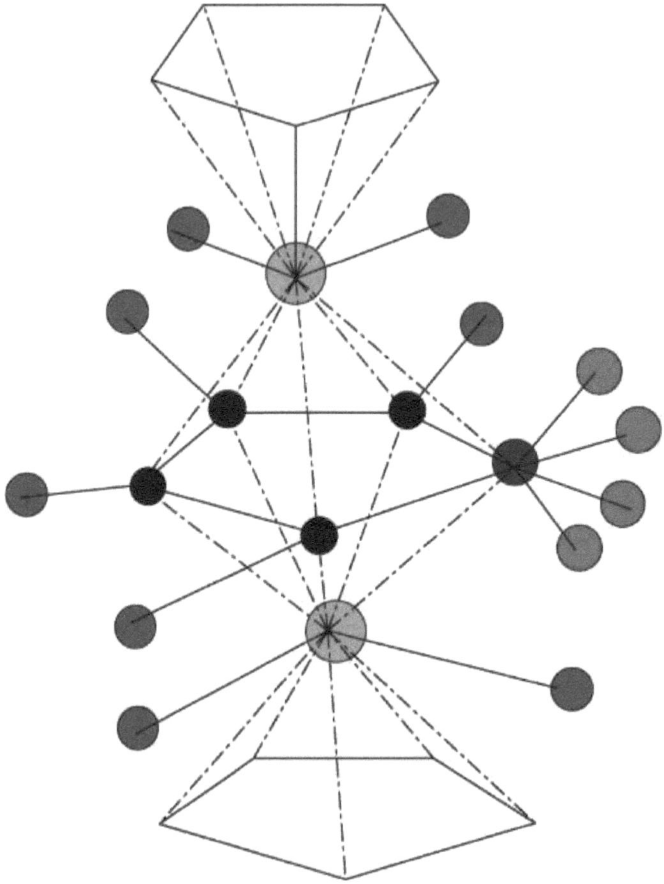

ESTRUTURA ISOMÉRICA DE $(WCp^*)_2B_4H_8Mo(CO)_4$
Figura - 89

R-65: $F=Cp2Co_2C_2B_{10}H_{12}$
K=10[2]+10[-0.5]+2[4.5] +2[2]+10[2.5]+12[-0.5]=47, n=24
K(n)=47(24)
K=n+t
$=24+23=n^{24}+23=n^6+n^{12}+n^6+23$
=24+24-1
K=2n-1
S=4n+2, m=2
VE=4n+2+10m=4[24]+2+10[2]=118
VF=50+18+8+30+12=118

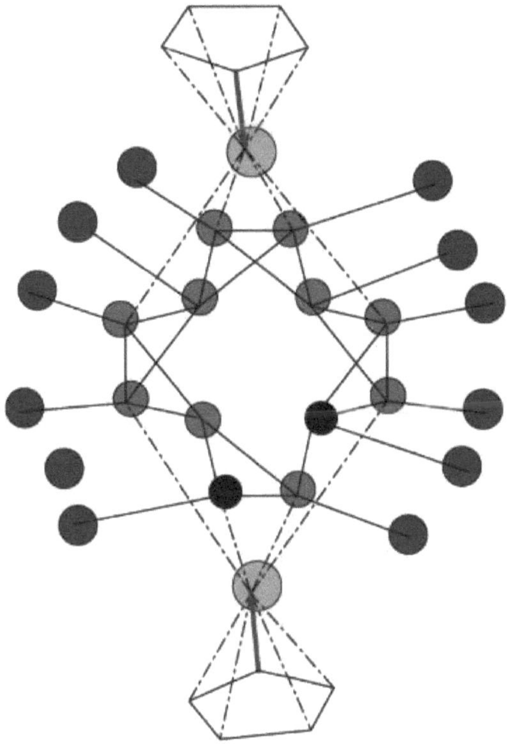

ESTRUTURA ISOMÉRICA DE $Cp_2Co_2C_2B_{10}H_{12}$
Figura - 90

R-66: $F=(CpW)_2B_5H_9$
=Cp2W2B5H9
K=10[2]+10[-0.5]+2[6]+
5[2.5]+9[-0.5]=35, n=17
K(n)=35(17)
K=n+t
=17+18=n17+18=n6+n^5+n^6+18
=17+17+1
K=2n+1
S=4n-2, m=2
VE=4n-2+10m=4[17]-2+10[2]=86
VF=50+12+24=86

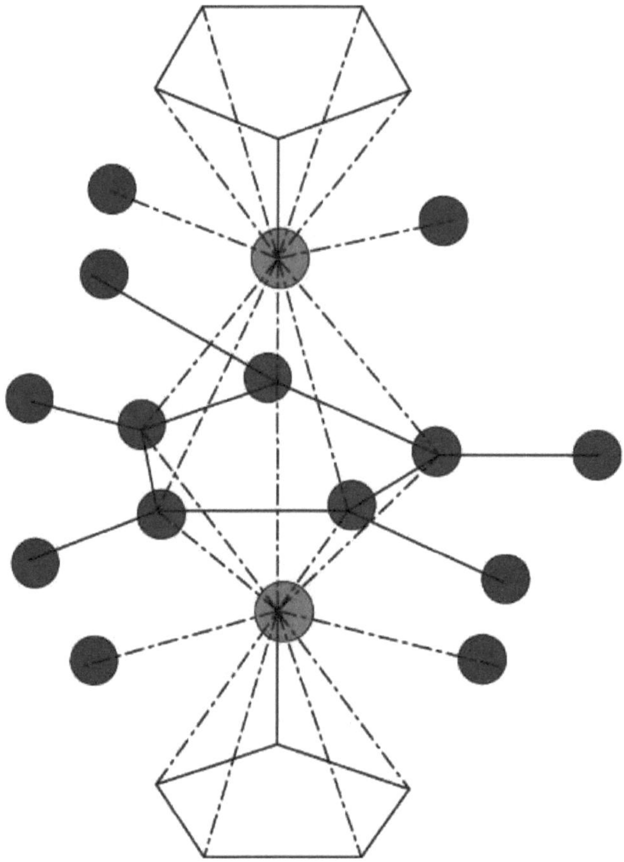

ESTRUTURA ISOMÉRICA DE $(CpW)_2B_5H_9$
Figura - 91

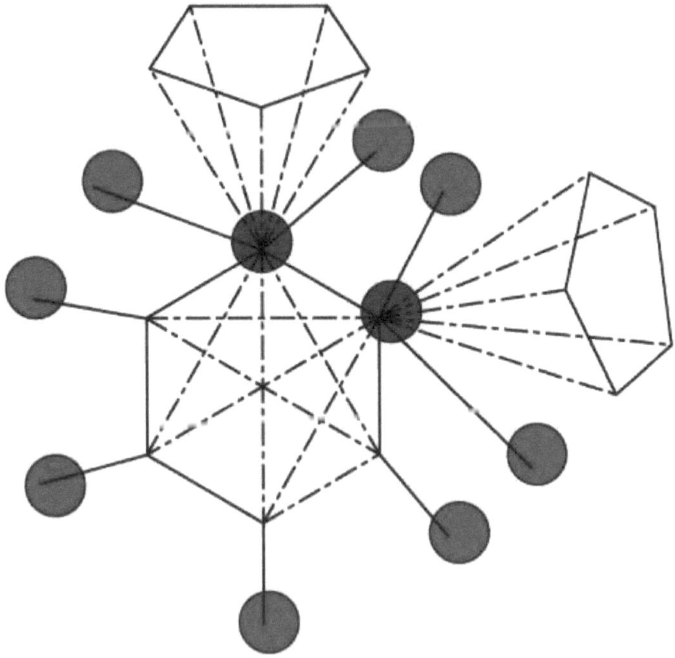

ESTRUTURA ISOMÉRICA DE $(CpW)_2B_5H_9$

Figura - 92

R-67: $F=Ru_2(C_5H_5)_3^{+1}$

K=2[5]+15[2]+15[-0.5]+1 [0.5]=33,

n=2+15=17

K(n)=33(17)

K=n+t

$=17+16=n^{17}+16=n^5+n^1+n^5+n^1$

$+n^5+16$

=17+17-1

=2n-1

S=4n+2(closo), m=2

VE=4n+2+10m=4[17]+2+10[2]

=90

VF=16+75-1 =90

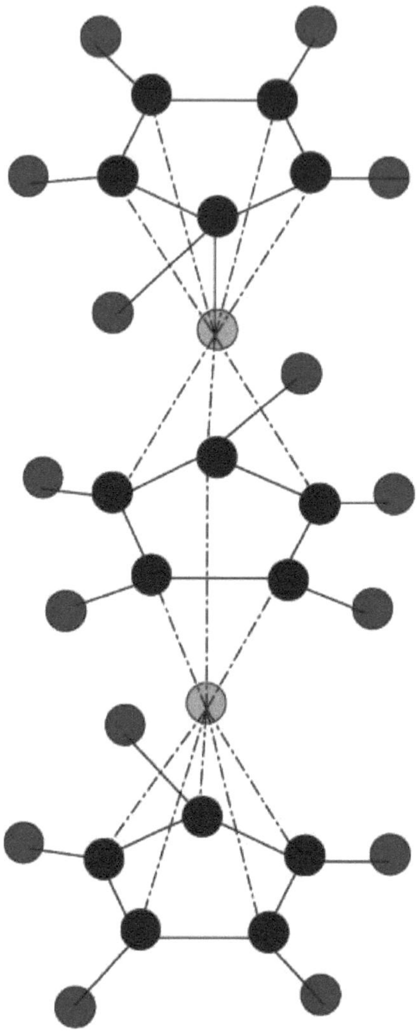

estrutura isomérica do $ru_2(c_5h_5)_3^{+1}$

Figura - 93

R-67: $F=Cp_3Ni_2^{+1}$ K=15(2)+15(-0.5)+2[4] +1[0.5]=31, η=17

K(η)=31(17)

K=n+t

=17+ï4=η17+14=$\eta^6+\eta^6+\eta^5$+14 =17+17-3

K=2η-3

S=4n+6, m=2

VE=4n+6+10m=4[17]+6+ 10[2]=94

VF=75+20-1=94

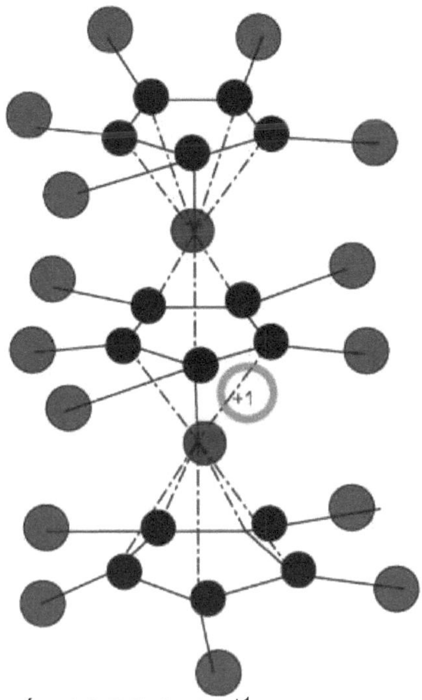

ESTRUTURA ISOMÉRICA DE $Cp_3Ni_2^{+1}$

Figura - 94

R-68: F= $(C_5H_5)_2Co_2C_2B_6H_8$
K=10[2]+10[-0.5]+2[4.5]+2[2]+6[2.5]+8[-0.5]=
39, n=20
K(n)=39(20)
K=n+t
=20+19
=20+20-1
K=2n-1
S=4n+2, m=2
VE=4n+2+10m=4[20]+2+10[2]=102
VF=2[20+5]+18+8+18+8=102

F-iCsHg^Cc^CgBgHg

K(n)=39(20)

K=n+t

=20+19=$2n^6+n^8$+19

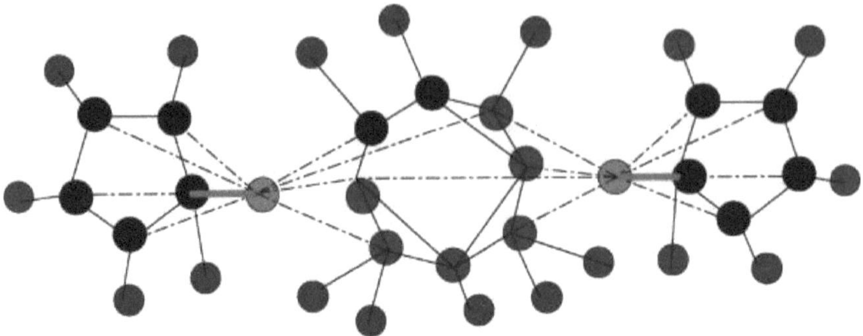

ESTRUTURA ISOMÉRICA DE $(C_5H_5Co)_2(C_2B_eH_8)$

Figura - 95

R-69: $F=Cp_2Fe_2C_4B_8H_{12}$

$K=10[2]+10[-0.5]+2[5]+4[2]+8[2.5]+12[-0.5]=47$, $n=24$

$K(n)=47(24)$

$K=n+t$

$=24+23=n^{24}+23=n^{6}+n^{6}+n^{12}+23$

$=24+24-1$

$K=2n-1$

$S=4n+2$, $m=2$

$VE=4n+2+10m=4[24]+2+10[2]=118$

$VF=50+16+16+24+12=118$

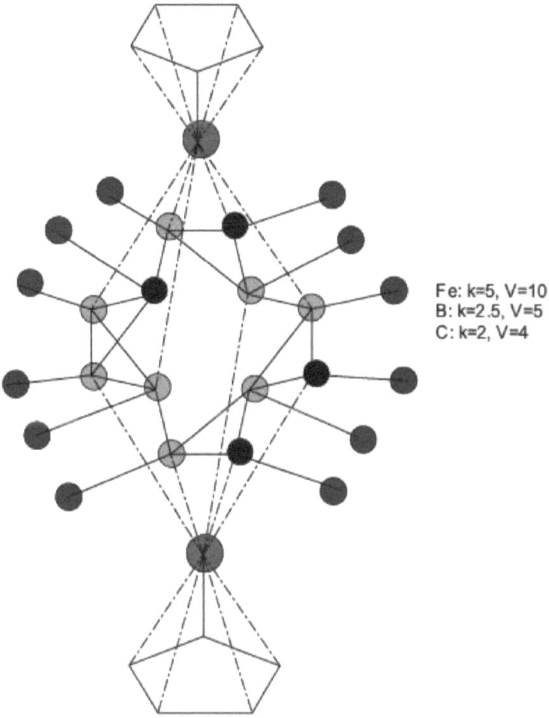

ESTRUTURA ISOMÉRICA DE $Cp_2Fe_2C_4B_8H_{12}$

Figura - 96

SISTEMA DE QUATRO ANÉIS

R-70: F= (GeJ/- K=36[2]+8[-0.5]=68,n=36 K(n)=68(36)

$K=n+t=36+32=n^{36}+32=4n^{9}+32=36+36-4$

K=2n-4

S=4n+8

VE=4n+8=4[36]+8=152

VF=36[4]+8=152

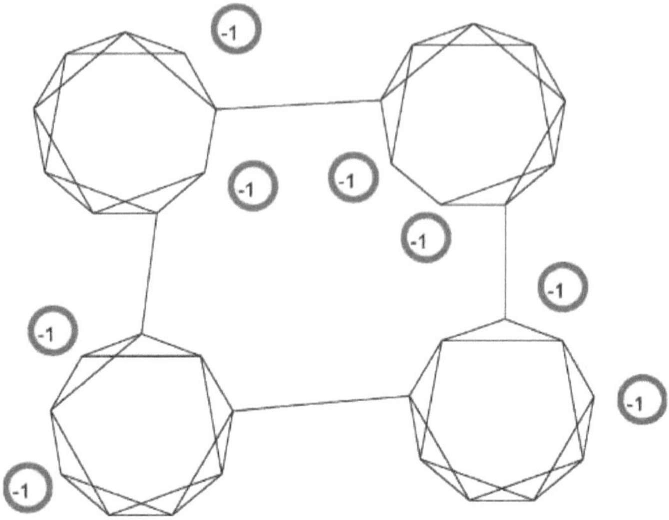

ESTRUTURA ISOMÉRICA DE $(Ge_9)_4^{8-}$
Figura - 97

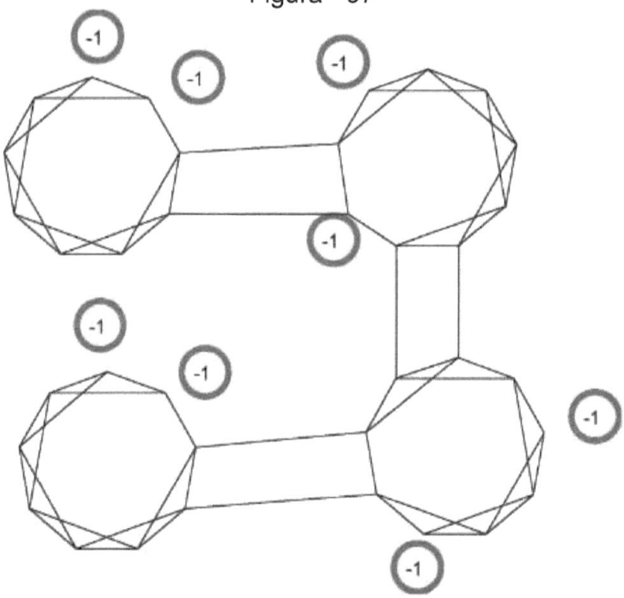

ESTRUTURA ISOMÉRICA DE $(Ge_9)_4^{8-}$
Figura - 98

SISTEMAS DE CINCO ANÉIS

R-71: F=$(C5H5)4CO4B2H4$

K={5[2]+5[-0.5]}4+4[4.5]+2[2.5]+4[-0.5]=51, n=26

$K(n)=51(26)$

$K=n+t$

$=26+25=n26+25=4n^5+n^6+25$

$=26+26-1$

$K=2n-1$

$S=4n+2$, $m=4$

$VE=4n+2+10m=4[26]+2+10[4]=146$

$VF=100+36+6+4=146$

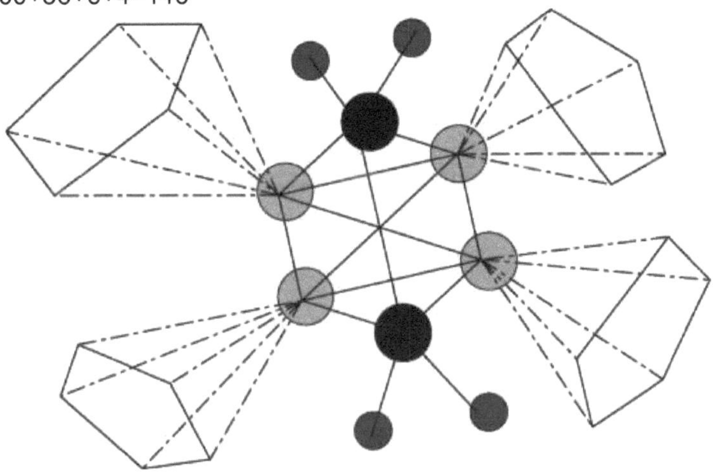

ESTRUTURA ISOMÉRICA DE $(C_5H_5)_4Co_4B_2H_4$
Figura - 99

CONCLUSÃO

O livro analisou mais de 70 aglomerados químicos centrados na teoria dos anéis. Uma vez que os números esqueléticos têm sido aplicados como ferramenta vital na análise de aglomerados tais como boranos, metaloboranos, aglomerados de iões zintl, aglomerados dourados, aglomerados de carbonilo metálico e aglomerados matryoshka, considerou-se prudente prestar atenção aos carboranos e aos aglomerados de metalocarboranos neste livro. Foram também incluídos alguns exemplos de outros aglomerados para efeitos comparativos.

APÊNDICE-1

EQUAÇÕES FUNDAMENTAIS DE AGRUPAMENTO

ELEMENTOS DO GRUPO PRINCIPAL

S=4n+q (S=série de agrupamentos, n=número de elementos esqueléticos numa fórmula de agrupamento e q=uma variável numérica de agrupamento)

K=2n- / q (K=número de cluster que representa o número total de ligações esqueléticas ou ligações que unem n elementos esqueléticos)

K=n+t(t=representa o número adicional de ligações necessárias para que todos os elementos do esqueleto obedeçam à regra dos 8 ou 18 electrões, consoante se trate de elementos do grupo principal ou de metais de transição, respetivamente.

K*=Cy+ Dz (este é um parâmetro de categorização de dupla cobertura em que y representa normalmente os elementos esqueléticos da camada externa e z representa os elementos esqueléticos da camada interna no núcleo e (y+z=n).

VE=4n+q(VE=electrões de valência de um cluster)

VE=8n-2K

VE=2y+4z+2

AGLOMERADOS DE METAIS DE TRANSIÇÃO

S=4n+q

K=2n- / q

K=n+t

K*=Cy+ Dz (y+z=n)

VE=14n+q

VE=8n-2K

VE=12y+14z+2

AGLOMERADOS MISTOS

S=4n+q

K=2n-% q

K=n+t

K*=Cy+ Dz (y+z=n)

VE=4n+q +1om (m=número de elementos metálicos presentes)

VE=8n-2K +10m

VE=2y+4z+2+10m

APÊNDICE-2

NÚMEROS DO ESQUELETO

QUADRO 1. NÚMEROS ESQUELÉTICOS DOS ELEMENTOS: METAIS DE TRANSIÇÃO									
7.5	7.0	6.5	6.0	5.5	5.0	4.5	4.0	3.5	3.0
Sc	Ti	V	Cr	Mn	Fe	Co	Ni	Cu	Zn
Ya	Zr	Nb	Mo	Tc	Ru	Rh	Pd	Ag	Cd
Lu	Hf	Ta	W	Re	Os	Ir	Pt	Au	Hg
NÚMEROS ESQUELÉTICOS DOS ELEMENTOS DO GRUPO PRINCIPAL									
3.5	3.0	2.5	2.0	1.5	1.0	0.5	0.0		
Li	Ser	B	C	N	O	F	Ne		
Na	Mg	Al	Si	P	S	Cl	Ar		
K	Ca	Ga	Ge	Como	Se	Br	Kr		
Rb	Sr	Em	Sn	Sb	Te	I	Xe		
Cs	Ba	Tl	Pb	Bi	Po				

RECONHECIMENTO
O autor deseja agradecer à sua família por ter proporcionado um ambiente propício à realização do trabalho, e também deseja agradecer a Turigye Michael pela ajuda na edição do trabalho.

REFERÊNCIAS

Belyakova, O. A., & Slovokhotova, Y. L. (2003). Estruturas de grandes aglomerados de metais de transição. Boletim Químico Russo. Inter. Ed., *52(11)*, 1-29.

Cotton, F. A., & Wilkinson, G. (1980). *Advanced Inorganic Chemistry, 4th Ed.*, John Wiley and Sons, New York, 1980.

Daniel, M. C., & Astruc, D. (2004). Nanopartículas de ouro, montagem, química supramolecular, propriedades relacionadas ao tamanho quântico e aplicações em biologia, catálise e nanotecnologia. *Chem. Rev., 104*, 293-346.

Gimeno, M. C., (2008). Moderno Supramolecular Ouro-Metal Interativo e Aplicações. Editado por A. Laguna, 2008. Wiley-VCH, Weinheim.

Greenwood, N. N., & Earnshaw, A. (1998). *Chemistry of the Elements, 2nd Ed.* Butterworth, Oxford.

Kiremire, E. M. R. (2016a). A Aplicação do Método da Série 4n para Categorizar Metalloboranes. *Int. J. Chem., 8*(3), 62-73.

Kiremire, E. M. R. (2016b). Um modelo hipotético para a formação de clusters de carbonila de metal de transição com base em números esqueléticos da série 4n. *Int. J. Chem., 8*(4), 78-110.

Kiremire, E. M. R. (2016c). Clusters de carbonila subterrâneos incomuns de paládio. *Int. J. Chem., 8*(1), 145-158.

Konishi, K. (2014). Clusters de ouro puro coordenados por fosfina e propriedades / respostas ópticas exclusivas. Structure and Bonding, *161*, 49-86.

Mingos, D. M. P. (1972). A General Theory for Cluster and Ring Compounds of the Main Group and Transition Elements (Uma Teoria Geral para Compostos de Aglomerados e Anéis do Grupo Principal e Elementos de Transição). *Nature (Londres), Phys. Sci., 236*, 99-102.

Mingos, D. M. P. (1984). Compostos de Aglomerados de Ouro: Serão eles materiais em miniatura? *Gold Bull, 17(1),* 5-12.

Mingos, D. M. P. (1987). Modelo complementar de densidade eletrônica esférica para compostos de coordenação. *Química Pura e Aplicada, 59*(2), 145-154.

Pauling, L. (1977). Estrutura de compostos de clusters de metais de transição: Utilização de uma orbital adicional resultante do carácter f, g da ligação SPD
orbitais. *Proc. Natl. Acad. Sci., USA, 74(12),* 5235-5238.

Pivoriunas, G. (2005). Novo Goldcluster. Tese de doutoramento

Rossi, F., & Zanello, P. (2011). Atividade de reservatório de elétrons de clusters de carbonila de metais de transição de alta nuclearidade. *Portugalia, Electrochimica Ata, 29*(1), 309-327.

Tiwari, P. M., Vig, K., Dennis, A., & Sing, S. R. (2011). Nanopartículas de ouro funcionalizadas e suas aplicações biomédicas. Nanomaterials, *1*, 31-63.

Wade, K. (1971). O significado estrutural do número de pares de

electrões de ligação esquelética em carboranos, boranos superiores e iões borano e vários compostos de clusters de carbonilo de metais de transição. *Chem. Commun.*, 792-793.
Welch, A. J. (2013). O significado das regras de Wade. *Chem. Commun., 49*, 3615-3616.
Carnes, M., Buccella, D., Siegrist, T., Steigerwald, M. L., & Nuckolls, C. (2008). Reacções de Hidrocarbonetos Esticados com Alcenos e Catalisadores de Metátese de Alcino. *J. Am. Chem. Soc., 130*(43), 14078-14079.
Cotton, F. A., & Wilkinson, G. (1980). *Advanced Inorganic Chemistry, 4th Ed.*, John Wiley and Sons, New York.
Das, B. K., & Kanatzidis, M. G. (1997). Síntese metanotérmica de aglomerados de carbonilo de telureto de ruténio polinucleares. *Polyhedron, 16*(17), 3061-3066.
Greenwood, N. N., & Earnshaw, A. (1998). *Chemistry of the Elements, 2nd Ed.* Butterworth, Oxford.
Harlan, C. J., Gillan, E. G., Bott, A. R., & Barron, A. R. (1996). Compostos tert-amil de alumínio e gálio: Halogenetos, Hidróxidos e Calcogenetos. *Organometálicos, 15*, 5479-5488.
Hawthorne, M. F., & Maderma, A. (1999). Aplicações de aglomerados de boro radiomarcados para o diagnóstico e tratamento do cancro. *Chem. Rev. 99*, 3421-3434.
Hoffmann, R. (1982). Construindo Pontes entre a Química Inorgânica e Orgânica. *Angew. Chem. Int. Ed. Engl., 21*, 711-724.
Housecroft, C. E., & Sharpe, A. G. (2005). *Inorganic Chemistry, 2nd Ed.*, Pearson, Prentice Hall, Harlow, Inglaterra.
Jemmis, E. D. (2005). Construindo relações entre boranos poliédricos e boro elementar. *Inorg. Chem. 18*, 620-628.
Jemmis, E. D., & Prasad, D. L. V. K. (2008). Unknowns in the chemistry of Boron (Desconhecidos na química do boro). *Current Science, 95*(10), 1277-1283.
Jemmis, E. D., Jayasree, E. G., & Parameswaran, P. (2006). Hipercarbonetos em estruturas poliédricas. *Chem. Soc. Rev., 35*, 157168.
Kiremire, E. M. (2014). Validação e verificação da Tabela Expandida para Carbonila de Metal de Transição e Série de Clusters de Elementos do Grupo Principal que obedecem às Regras de 18 Elétrons e 8 Elétrons Respetivamente. *Orient. J. Chem., 30*(4), 1475-1495.
Kiremire, E. M. (2015b). Classificação de clusters de carbonila de metais de transição usando a regra 14n derivada da teoria dos números. *Orient. J. Chem., 31*(2), 605-618.
Kiremire, E. M. (2015c). Um desvio exclusivo para o núcleo do cluster de carbonila usando a regra 14n. *Orient. J. Chem., 31*(3), 1469-1476.
Kiremire, E. M. (2015d). Unificação e Expansão das Regras de Wade-Mingos com a Teoria Elementar dos Números. *Orient. J. Chem., 31*(1),

387-392.
Kiremire, E. M. (2015e). Boranos escondidos dentro de aglomerados de carbonila. *Orient. J. Chem., 31(Spl,Edn),* 121-127.
Kiremire, E. M. (2015f). Categorização e Determinação Estrutural de Clusters Carbonílicos Simples e Mais Complexos de Rénio e Ósmio Utilizando Valores K e a Tabela de Clusters. *Orient. J. Chem., 31*(1), 293-302.
Kiremire, E. M. (2015g). Série Isolobal de Fragmentos Químicos. *Orient. J. Chem., 31(spl. Edn),* 59-70.
Kiremire, E. M. R. (2015a). Séries de Capping e Decapping de Boranes. *Int. J. Chem. 7*(2), 186-197.
Kiremire, E. M. R. (2016a). A categorização e previsão estrutural de clusters de carbonila de metais de transição usando a matriz numérica da série 14n. *Int. J. Chem. 8*(1), 109-125.
Kiremire, E. M. R. (2016b). Geração de Fórmulas de Clusters de Carbonilo de Metais de Transição de Ósmio, Ródio e Rénio. *Int. J. Chem., 8*(1), 126-144.
Kiremire, E. M. R. (2016c). Incomuns aglomerados carbonílicos subterrâneos de paládio. *International J. Chem., 8*(1), 145-158.
Lipscomb, W. N. (1963). *Boron Hydrides.* W. A. Bejamin, Inc., Nova Iorque.
Miessler, G., Fischer, P., & Tarr, D. (2014). *Inorganic Chemistry, 5th Edition*, Pearson Education, Inc., Upper Saddle River.
Mingos, D. M. P. (1984). *Abordagem de pares de electrões esqueléticos poliédricos. Acc. Chem. Res., 17*(9), 311-319.
Mingos, D. M. P. (1972). A General Theory for Cluster and Ring Compounds of the Main Group and Transition Elements (Uma Teoria Geral para Compostos de Aglomerados e Anéis do Grupo Principal e Elementos de Transição). *Nature (Londres), Phys. Sci., 236*, 99-102.
Mingos, D. M. P. (1991). Aspectos teóricos da química de clusters metálicos. *Química Pura e Aplicada, 83*(6), 807-812.
Pauling, L. (1977). Estrutura de compostos de clusters de metais de transição: Utilização de uma orbital adicional resultante do carácter f, g das orbitais de ligação spd. *Proc. Natl. Acad. Sci., USA, 74*(12), 5235-5238.
Rudolph, R. W. (1976). Boranos e heteroboranos: um paradigma para as necessidades de electrões dos aglomerados? *Acc. Chem. Res., 9*(12), 446-452.
Scharfe, S., & Fässler, T. F. (2010). Aglomerados poliédricos de nove átomos de elementos tetrais e derivados intermetaloides. *Phil. R. Soc. A,* 1265-1284.
Shaik, S., Danovich, D., Wu, W., Su, P., Rzepa, H. S., & Hiberty, P. C. (2012). Ligação quádrupla em c2 e espécies análogas de oito elétrons de valência. *Nature Chemistry, 4*, 195-200.
Shieh, M., Ho, L. F., Guo, Y. W., Lin, S. F., Lin, Y. C., Peng, S. M., & Liu,

Y. H. (2003). Complexos de monotelureto de carbonilcromo. *Organometálicos, 22*, 5020-5026.
Shieh, M., Miu, C. Y., Chu, Y. Y., & Lin, C. N. (2012). Progressos recentes na química de grupos aniónicos 6-8 clusters de chacogeneto de carbonilo. *Coord. Chem. Rev., 256*, 637-694.
Stohrer, W. D., & Hoffmann, R. (1972). Isomerismo de estiramento de ligação e rearranjos de politopo em $(CH)_5^{+}$, $(CH)_5^{-}$ e $(CH)_4(CO)$. *J. Am. Chem. Soc., 94*(5), 1661-1668.
Stohrer, W. D., & Hoffmann, R. (1972). Eletrónica e Reatividade de Hidrocarbonetos Tricíclicos Esticados. *J. Am. Chem. Soc., 94*(2), 779-786.
Teo, B. K., Longoni, G., & Chung, F. R. K. (1984). Aplicações da Teoria Topológica de Contagem de Electrões a Aglomerados de Metais Poliédricos. *Inorg. Chem., 23*(9), 1257-1260.
Wade, A. (1976). Padrões estruturais e de ligação em química de cluster. *Adv. Inorg. Chem. Radiochem*, *18*, 1-66.
Wade, K. (1971). O significado estrutural do número de pares de electrões de ligação esquelética em carboranos, boranos superiores e iões borano e vários compostos de clusters de carbonilo de metais de transição. *Chem. Commun.*, 792-793.
Welch, A. J. (2013). O significado das regras de Wade. *Chem. Commun., 49*, 3615-3616.
Aplicação de Números Esqueléticos para Categorizar Aglomerados Químicos Brochura - 19 Set. 2018 por Enos Kiremire (Autor)
. ISBN-10: 9783330028241
. ISBN-13: 978-3330028241
A New Approach to Cluster Theory of Chemical Clusters by Enos Kiremire ISBN 10: 6202079010 / ISBN 13: 9786202079013
Publicado por LAP Lambert Academic Publishing Jul 2018, 2018
Geração de funções de fórmulas de cluster
Kiremire Enos
ISBN 10: 6139963834
ISBN 13: 9786139963836
Editora: LAP Lambert Academic Publishing, 2018
Categorização e Teoria de Grafos Simples de Clusters Dourados
Por Kiremire Enos
ISBN 10: 3659753254
ISBN 13: 9783659753251
Editora: LAP LAMBERT Academic Publishing, 2018
Funções Geradoras de Fórmulas de Aglomerados: de Ósmio, Ródio, Rénio, Paládio e Ouro (Brochura). Publicado por LAP Lambert Academic Publishing, N/A (2018)
ISBN 10: 6139963834
ISBN 13: 9786139963836
Ordem dos Aglomerados Químicos: Números Esqueléticos e Árvores de

Aglomerados (Brochura)
Enos Kiremire
Publicado por LAP Lambert Academic Publishing, Alemanha (2019)
ISBN 10: 6139898943
ISBN 13: 9786139898947
Uma teoria simples dos grafos de Zintl e Matryoshka Clusters (Brochura)
Enos Kiremire
Publicado por LAP Lambert Academic Publishing, Alemanha (2019)
ISBN 10: 6139446465
ISBN 13: 9786139446469
A Teoria da Cobertura de Aglomerados Químicos: Baseada na Série 12N/14N (Paperback).
Enos Kiremire
Publicado por LAP Lambert Academic Publishing, Alemanha (2019)
ISBN 10: 6139985595
ISBN 13: 9786139985593
Análise de Aglomerados de Carbonilo de Metais de Transição Utilizando Números Esqueléticos (Brochura)
Enos Kiremire
Publicado por LAP Lambert Academic Publishing, N/A (2019)
ISBN 10: 6200006202
ISBN 13: 9786200006202
Os elementos do grupo principal e dos metais de transição: E seus Aglomerados Obedecem ao Princípio da Série S=4n+q e seus Números Esqueléticos (Brochura).
Enos Kiremire
Publicado por LAP Lambert Academic Publishing, Alemanha (2020)
ISBN 10: 620252605X
ISBN 13: 9786202526050
Categorização de aglomerados de carbonilo (Brochura). Edição holandesa.
Enos Kiremire
Publicado por KS Omniscriptum Publishing, Estados Unidos (2020)
ISBN 10: 6200593647
ISBN 13: 9786200593641
Uma teoria grafísica inovadora dos aglomerados de Zintl e Matryoshka (Edição holandesa)
Kiremire Enos
ISBN 10: 6200592055
ISBN 13: 9786200592057
Editora: GlobeEdit, 2020 van carbonylclusters: Analyse van overgangsmetaalcarbonylclusters met behulp van skeletnummers (Dutch) Brochura - 3 de abril de 2020 por Enos Kiremire (Autor)
ISBN-10: 6200593647
ISBN-13: 978-6200593641

O CONHECIMENTO DOS EFEITOS DUVIDOSOS DA UTILIZAÇÃO DE PRODUTOS QUÍMICOS
CLUSTERS: KLANTEN (Edição holandesa)
Kiremire Enos
ISBN 10: 6200852529
ISBN 13: 9786200852526
Editora: Sciencia Scripts, 2020
DE GEHEIME CODE: VOOR DE VORMING VAN OVERGANGSMETAALCARBONYLEN EN HUN VERWANTEN BLOOTGESTELD (holandês) Brochura - 15 Fev. 2021 por Enos Kiremire (Autor)
ISBN-10: 6203330647
ISBN-13: 978-6203330649
LA PRUEBA DEL DOBLE TAPADO DE LOS GRUPOS QUÍMICOS: CLUSTERS (Espanhol) Brochura - 6 abril 2020 por Enos Kiremire (Autor)
ISBN-10: 6200852308
ISBN-13: 978-6200852304
Editora: Sciencia Scripts, 2020
Categorización de las agrupaciones de carbonilo: Analizando grupos de transición de metal carbonilo usando números esqueléticos (Espanhol) Brochura - 19 Mar. 2020 por Enos Kiremire (Autor)
ISBN-10: 6200382840
ISBN-13: 978-6200382849
Prosta teoria graficzna klastrów Zintl i Matryoshka (Edição polaca) Kiremire Enos
ISBN 10: 6200547270
ISBN 13: 9786200547279
Editora: Wydawnictwo Bezkresy Wiedzy, 2020
Categorias de produtos para a indústria automóvel: Analiza metalowych klastrów karbonylowych z wykorzystaniem numerów szkieletowych (Polish Edition) Kiremire Enos
ISBN 10:6200547920
ISBN 13: 9786200547927
Editora: Wydawnictwo Bezkresy Wiedzy, 2020
DOWÓD NA PODWÓJNE OGRANICZENIE KLASTRÓW CHEMICZNYCH: CLUSTERS (Polaco) Brochura - 6 abril 2020 por Enos Kiremire (Autor)
ISBN-10: 6200852537
ISBN-13: 978-6200852533
TAJNY KOD: DO TWORZENIA KARBONYLI METALI PRZEJSCIOWYCH I ICH POCHODNYCH NARAZONYCH (Polaco) Brochura - 15 Fev. 2021 por Enos Kiremire (Autor)
ISBN-10: 6203330655
ISBN-13: 978-6203330656

KONCEPCJA CHEMICZNEGO J^DRA KLASTRA (Polaco) Brochura - 9 Set. 2020 por Prof. Enos Kiremire (Autor)
ISBN-10: 6200986819
ISBN-13: 978-6200986818
ZNEGO JADRA KLASTRA (Polaco) Brochura - 9 Set. 2020 por Prof. Enos Kiremire (Autor)
ISBN-10: 6200986819
ISBN-13: 978-6200986818
IL CONCETTO DI NUCLEO DI UN AMMASSO CHIMICO (italiano) Brochura - 9 de setembro de 2020 por Prof. Enos Kiremire (Autor)
ISBN-10: 6200986797
ISBN-13: 978-6200986795
LA PROVA DELLA DOPPIA COPERTURA DEI CLUSTER CHIMICI: CLUSTERS (italiano) Brochura - 6 de abril de 2020 por Enos Kiremire (Autor)
ISBN-10: 6200852464
ISBN-13: 978-6200852465
Una semplice teoria dei grafici dei cluster Zintl e Matryoshka (italiano) Brochura - 2 Mar. 2020 por Enos Kiremire (Autor)
ISBN-10: 6200558604
ISBN-13: 978-6200558602
Categorizzazione dei cluster di carbonile: Analisi dei gruppi carbonilici metallici di transizione utilizzando i numeri scheletrici (Italiano) Brochura - 19 Mar. 2020 por Enos Kiremire (Autor)
ISBN-10: 6200559805
ISBN-13: 978-6200559807
IL CODICE SEGRETO (Italiano) Brochura - 15 Fev. 2021 por Enos Kiremire (Autor)
ISBN-10: 6203330639
ISBN-13: 978-6203330632
BORANOS E A VALÊNCIA ESQUELÉTICA DE CINCO
Kiremire Enos
ISBN 10: 6200787743
ISBN 13: 9786200787743
Editora: LAP LAMBERT Academic Publishing, 2020
A PROVA DA DUPLA COBERTURA DOS AGLOMERADOS QUÍMICOS: AGLOMERADOS
Kiremire Enos
ISBN 10: 6202517484
ISBN 13: 9786202517485
Editora: LAP LAMBERT Academic Publishing, 2020
NÚMEROS ESQUELÉTICOS E LIGAÇÕES NA SIMETRIA DE AGRUPAMENTO
Kiremire Enos Masheija Ruantale
ISBN 10: 6203197637

ISBN 13: 9786203197631
Editora: LAP LAMBERT Academic Publishing, 2020
O CONCEITO DE UM NÚCLEO DE AGREGADOS QUÍMICOS (Português) Brochura - 9 Set. 2020 por Prof. Enos Kiremire (Autor)
ISBN-10: 6200986827
ISBN-13: 978-6200986825
A PROVA DO DUPLO NIVELAMENTO DOS AGLOMERADOS QUÍMICOS: CLUSTERS (Português) Brochura - 6 abril 2020 por Enos Kiremire (Autor)
ISBN-10: 6200852553
ISBN-13: 978-6200852557
Categorização dos Clusters de Carbonil: Análise de Clusters de Carbonilo de Transição de Metal Usando Números Esqueletais (Português) Brochura - 19 Mar. 2020 por Enos Kiremire (Autor)
ISBN-10: 6200581312
ISBN-13: 978-6200581310
O CÓDIGO SECRETO: PARA A FORMAÇÃO DE CARBONILOS METÁLICOS DE TRANSIÇÃO E SEUS PARENTES EXPOSTOS (Português) Brochura - 15 Fev. 2021 por Enos Kiremire (Autor)
Publicado por GlobeEdit, Estados Unidos, 2020
ISBN-10: 6203330663
ISBN-13: 978-6203330663
CATEGORIZAÇÃO DE HIDROCARBONETOS E FUNÇÃO GERADORA INTRÍNSECA: DE CLUSTERES QUÍMICOS Brochura - 28 de outubro de 2020 por Prof. Enos Kiremire (Autor) ISBN 10: 6203025658
ISBN 13: 9786203025651
Editora: LAP LAMBERT Academic Publishing, 2020
Uma teoria simples das garras de Zintl e Matryoshka (Edição francesa)
Kiremire Enos
Publicado por Éditions universitaires européennes (2020)
ISBN 10: 613955456X
ISBN 13: 9786139554560
LE CODE SECRET: POUR LA FORMATION DE CARBONYLES DE MÉTAUX DE TRANSITION ET LEURS APPARENTÉS EXPOSÉS (French Edition)
Kiremire Enos
ISBN 10: 6203330620
ISBN 13: 9786203330625
Editora: Edições Notre Savoir, 2021
A PREOCUPAÇÃO DO DUPLO PLAFONAMENTO DOS CLUSTERS CHIMIQUES: CLUSTERS (Edição francesa) Kiremire Enos
ISBN 10: 6200852405
ISBN 13: 9786200852403
Editora: Sciencia Scripts, 2020

LE CONCEPT DE NOYAU DE GRAPPE CHIMIQUE (francês) Brochura - 9 de setembro de 2020 por Prof. Enos Kiremire (Autor)
Catégorisation des groupes de carbonyles: Analyse des grappes de carbonyles de métaux de transition à l'aide de nombres squelettiques (francês) Brochura - 19 Mar. 2020 por Enos Kiremire (Autor)
ISBN-10: 6139556287
ISBN-13: 978-6139556281
Une théorie simple des grappes de Zintl et Matryoshka (Francês) Brochura - 28 Fev. 2020 por Enos Kiremire (Autor)
ISBN-10: 613955456X
ISBN-13: 978-6139554560
LE CODE SECRET: POUR LA FORMATION DE CARBONYLES DE MÉTAUX DE TRANSITION ET LEURS APPARENTÉS EXPOSÉS (Francês) Brochura - 15 Fev. 2021 por Enos Kiremire (Autor)
ISBN 10: 6203330620
ISBN 13: 9786203330625
Editora: Edições Notre Savoir, 2021
DER GEHEIMCODE: ZUR BILDUNG VON ÜBERGANGSMETALLCARBONYLEN UND DEREN VERWANDTEN AUSGESETZT (Alemão) Brochura - 15 Fev. 2021 por Enos Kiremire (Autor)
ISBN-10: 6203330604
ISBN-13: 978-6203330601
A TOPOLOGIA NATURAL DOS CLUSTERS QUÍMICOS: BASEADA EM VALORES ESQUELÉTICOS E TRIÂNGULOS Brochura - 13 Jan. 2021 por Prof. Enos Kiremire (Autor)
ISBN-10: 6203201723
ISBN-13: 978-6203201727
A ARTE DA DISTRIBUIÇÃO DE CARGAS E LIGANDOS: EM ZINTL ION E OUTROS CLUSTERS Brochura - 26 Fev. 2021 por Prof. Enos Kiremire (Autor)
ISBN-10: 6203464058
ISBN-13: 978-6203464054
A Nova teoria dos clusters como companheira vital para o cristal de raios X refinado: análise estrutural de clusters químicos Brochura - 11 Fev. 2021 por Enos Kiremire (Autor)
ISBN-10: 620340991X
ISBN-13: 978-6203409918
O CONCEITO DE UM NÚCLEO DE CLUSTER QUÍMICO: O CONCEITO DE UM NÚCLEO DE CLUSTER QUÍMICO Kiremire, Prof. Enos ISBN 10: 6202556528 ISBN 13: 9786202556521
Editora: LAP LAMBERT Academic Publishing, 2020
Os elementos do grupo principal e dos metais de transição: e os seus aglomerados obedecem ao princípio da série S=4n+q e aos seus números esqueléticos Brochura - 17 de abril de 2020 por Enos Kiremire

(Autor)
ISBN-10: 620252605X
ISBN-13: 978-6202526050
A PROVA DA CAPTAÇÃO DUPLA DE CLUSTERS QUÍMICOS: CLUSTERS Brochura - 26 Mar. 2020 por Enos Kiremire (Autor)
ISBN-10: 6202517484
ISBN-13: 978-6202517485
NÚMEROS ESQUELÉTICOS E LIGAÇÕES EM CLUSTER
SIMETRIA Brochura - 22 Dez. 2020
por Enos Masheija Rwantale Kiremire (Autor)
ISBN-10: 6203197637
ISBN-13: 978-6203197631
A TOPOLOGIA NATURAL DOS CLUSTERS QUÍMICOS: BASEADA EM VALORES ESQUELÉTICOS E TRIÂNGULOS Brochura - 13 Jan. 2021
por Prof. Enos Kiremire (Autor)
ISBN-10: 6203201723
ISBN-13: 978-6203201727
A VALÊNCIA ESQUELÉTICA E O PARÂMETRO K(N)
ISBN-13: 978-620-3-58032-7
ISBN-10: 6203580325
EAN: 9786203580327
CATEGORIZAÇÃO E IDENTIFICAÇÃO DE CENTROS CATALÍTICOS METÁLICOS
27-04-2021
Autor: Enos Kiremire
ISBN-13: 978-620-3-85517-3
ISBN-10: 6203855170
EAN: 9786203855173
INTRODUÇÃO À TEORIA QUÍMICA DOS ANÉIS
CLUSTERS Brochura - 21 Dez. 2021
Enos Masheija Rwantale Kiremire (Autor)
Editora : LAP LAMBERT Academic Publishing (21 Dez. 2021)
ISBN-10 : 6204732323
ISBN-13 : 978-6204732329

MIX
Papier aus verantwortungsvollen Quellen
Paper from responsible sources
FSC® C105338

Printed by Books on Demand GmbH, Norderstedt / Germany